台灣水生植物地圖

李松柏◎文字／攝影

U0004739

晨星出版

代序：
愛上水生植物

同樣的時間，同樣的地點；不變的腳步，相同的對白。

啊～下班了！我走在同樣的路上，走過同樣的櫥窗，

有著同樣的心情，有著一成不變的日子。

在不停的歲月中流逝，難道這就是我的生活？……

為何必須同樣？為何不能有所選擇？

～鄭怡〈櫥窗〉

　　民歌手鄭怡在十多年前所唱出的這段歌詞，至今令我難忘。詞中抒寫的都會人生活，竟是如此蒼白無色、寂寂無待，宛如一成不變的節拍。我與這首流行歌，儘管只是驚鴻一瞥式的邂逅，然而已讓當時年輕的心湖中，泛起一圈又一圈的漣漪，不斷追問自己，究竟想要一種怎樣的生活？

　　棲身都市叢林的人們，每日面臨沉重的工作挑戰。外在看似緊張的生活節奏，其實內容單調而重複，生命彷彿處於靜滯的狀態，沒有期待，沒有色彩。然而真的「必須同樣」？真的「不能有所選擇」？答案自然是否定的。想要改變這枯寂的生活，讓生命感染一抹新綠，那麼「愛上水生植物」將是一個不錯的選擇。認真的女人最美麗，認真的男人

最帥氣。當一個人認真去愛，他的生命往往因之躍動、精彩。聽聽！有
歌聲自遠古悠然傳來……

> 蒹葭蒼蒼，白露爲霜。所謂伊人，在水一方。
> 溯洄從之，道阻且長；溯流從之，宛在水中央。
> ～《詩經·秦風·蒹葭》

　　撥開迷濛晨霧，只見蘆葦染白一灣清流。在水一旁，有我心怡的姑
娘。逆河而上探訪，道路險阻且漫長；順流而下尋覓，好像她就近在水
中之央。多有生命力的清唱！對松柏學長與我而言，這位夢中佳人，正
是水生植物。因為，水生植物本就傍水而生，加上中國古代文化系統中
又經常賦予水生植物「陰性、女柔」特質（如《禮記·昏義》），如此一
來，以「佳人」設喻「水生植物」，似無不宜。

　　眾裡尋她千百度，驀然回首，那人正在山曲水涯處。水生植物種類
繁多，生態不一，有近生咫尺，也有遠長於海隅。松柏學長撰寫此書，
意欲引領同好上山下海，溯洄溯流去尋覓這些水中佳人，期待透過深入
淺出的導覽，教大家如何愛上水生植物。世間人情，往往歷經「相識」、
「相會」、「相知」、「相惜」過程，因此本書嘗試以「愛上佳人」的「雙
關」徑路，為全書內容架構、串聯：

在〈相識篇—水生植物入門〉中：本書將簡介她的姓名特質、家世背景，包括水生植物的定義、分類、特性以及成長環境；其次是〈相會篇—台灣水生植物地圖〉：俗語說「百聞不如一見」，所以還得按「圖」探訪，親臨會面。透過人與植物的對話、最直接的情感交流，去親身領受她那自然、柔韌且富有朝氣的特質。相會之後，你對她或許有進一步了解的需求，那麼，〈相知篇—台灣水生植物圖鑑〉，將提供重要台灣水生植物一份正式且詳盡的專屬檔案。歷經以上進程，或許你已真的愛上她；但相愛之餘，尤須「相惜」。因為愛若不得法，反使對方蒙受傷害；即令彼此無緣、分離，也無須剝奪對方追求幸福的權利。因此，在〈後記〉部分，松柏學長也將以親身經歷與所思所感，略述當前水生植物的艱危處境，呼籲有智、有情的你，「相惜」這份物我情緣，學習去愛、去盡己之力，留住一畦綠水，盡心保育這些水生佳麗。

近年以來，「都市文明」與「自然生態」的拉鋸似乎愈形激烈。經濟效益的考量，人為的開墾，山林的破壞，使得荒野溼地水塘日漸削減；而文明所衍生的環境污染，農藥濫用，遂使水生植物即使有水可棲，也難以生存快意。基於人類這些有意或無心的舉措，已使水生植物的生存飽受威脅。松柏學長曾進行過多次台灣水生植物調查，事後總是語重心長地向我發出深慨——

去年今日此門中，人面桃花相映紅；

人面不知何處去，桃花依舊笑春風。

～唐・崔護詩(收錄於孟棨《本事詩》)

    不是許久前才驚豔於某種水生植物的丰姿？豈料今日重來，卻「物」事全非。是否，我們愛水生植物不夠，才造成她們陸續銷聲殞落？是否，我們尋訪的腳步該再加快？趁著她們青春芳華尚在？於是松柏學長在完成此書的同時，也懷抱著一個小小的願望：

    祈願，人面桃花的傷情不要再來！期待，一種不同的生命情態！

    暫離，一成不變的步調，讓心神自由呼吸！

    愛戀，水生植物的自然與美麗！

    那麼，輕聲慢步，帶著地圖，

      請跟我來

      ……

謹序於新竹師院語教系

[目次]

相識篇一

水生植物
入門

台灣
水生植物
地圖

植物和水的關係

水在地球表面占了約70%的比例，如果說它是地球上最豐富的自然資源實不為過。生命源起於水中，在演化的過程中，生物逐漸演化出適應陸地環境的身體構造，最後離開水中來到陸地上生活。

儘管如此，現今陸生動、植物的生活，仍然與水息息相關，以植物為例，水是決定種子發芽的重要條件，種子要有足夠的水分才能萌芽，從幼苗到成熟的植株，每一個階段都需要水才能成長，水是植物體中重要的物質之一，植物體中的光合作用、呼吸作用等生理機制，都需要水的參與。可見水對植物的生活有很密切的關係，而生活在水中的植物，身體完全與水接觸，水更是它們安身立命的憑藉。

我們知道，生物與物

▲ 剛發芽的植物幼苗

理環境共同形成一個完整的生態體系。湖泊、溪流、海洋以及任何的水域環境，各有它們特殊的生態系統，不過它們的基礎都建立在綠色植物上。從大型的水生植物或肉眼無法看到的浮游藻類，或是生長在

▲ 活動在水域附近的生物

水邊的草本及木本植物，它們接受太陽能行光合作用，同時吸收土壤及水中的營養物質；而當這些植物的葉片掉落水中或死亡，植物體中的化學物質被釋放出來，使得環境中的這些物質得以重新再分配。而在這樣的生態系中，植物直接或間接的提供動物生存所需的食物，同時也是它們生活棲習的重要依靠場所。

▲ 海洋

什麼是水生植物

什麼是「水生植物」呢？它們和陸生植物有什麼不同？我們可以很明確的說：「水生植物就是生長在水裡的植物」、「它們比陸生植物更依賴水」。最典型的水生植物，是那些植物體完全沉在水中的金魚藻、葉漂浮在水面的睡蓮、植物體完全漂浮水面的浮萍，以及植物體部分伸出水面的荷花。然而，水在自然界中並不是呈兩極端的分布於陸地和水域，而是在陸地和水域之間呈現一種梯度性的變化。從深水區、淺水區到土壤保持潮濕的地方，植物採取了不同的策略，以適應不同水分梯度的環境，植物的生長和分布隨著環境梯度的變化而有不同。因此，還有一群植物，它們的莖、葉並不會浸泡在水裡，只有根部生長在潮濕的土壤中，它們也經常被歸為水生植物。對「潮濕土壤」的潮濕程度到哪裡？長期以來國內外都有許多不同的界定範圍，要在這中間做一個很明確的界線，實在很不容易，例如：茅膏菜科、蓼科、莎草科和禾本科等就占有最大的比例，常常左右一個地區水生植物名錄的物種數目。本書對水生植物的認定則為：植物體必須生長在水中或飽和水分的土壤，其生活史中大部分時期是生活在多水的環境中的草本維管束植物，不包括藻類、苔蘚植物及木本維管束植物。

▲ 金魚藻

▲ 植物體漂浮水面的浮萍

▲ 苔蘚植物

▲ 莎草科植物

▲ 葉漂浮水面的睡蓮

水生植物與
溼地植物的異同

近年來大眾對環境普遍的重視，常常可以看到如「濕地」、「濕地植物」、「水生植物」等名詞，這些名詞到底有什麼不同或相同的地方呢？我們可以從1971年「國際重要濕地公約（Convention on Wetlands of International Importance）」（簡稱為「拉姆薩公約（Ramsar Convention）」）對濕地所下的定義來看：「濕地（wetland）是不論天然或人為的、永久或暫時的、靜止或流水、淡水或鹹水，由草澤（marsh）、泥沼地（fen）、泥煤地（pealand）或水域所構成的地區，包括在低潮時水深六公尺以內的海域。」生長在這樣環境中的植物就叫做「濕地植物」。基本上這樣的範圍，已經把水生植物所生長的環境都包含在內，不過一般所稱的「水生植物」習慣上只有包括草本維管束植物，而「濕地植物」則包含所有草本及木本維管束植物。近年來國內有一些探討台灣地區濕地的書籍，通常只以紅樹林或一些水鳥棲習的水域或沿海、河口的環境為範圍，其實在台灣還有許多內陸地區的水域濕地，孕育豐富而多樣的水域生態。

▲ 濕地木本植物（雙連埤）

▲ 紅樹林（新竹紅毛港）

水生植物的生活型

生活型是生物適應環境的特殊習性,同一生活型的生物,其形態通常很相似,而且在適應的特點上也是類似的。對水生植物來說,水的深淺成為影響植物生活型的重要因素。從深水地區到潮濕的土地,植物為了適應這種不同水分程度的環境,發展出各式各樣的生活習性。對水生植物生活型的論述,國外的學者有較多的觀點;在台灣,筆者曾經針對台中縣的水生植物,將其細分為20個生長型,各類生長型的水生植物通常和其生長的環境有很密切的關係,因此若要更詳細探討微環境對植物生長和分布的影響,對生長型做更精細的劃分是有必要的。

本書旨在引領讀者進入水生植物的領域,因此按傳統的方法,依植物體和水的垂直狀態關係,將水生植物分為五大類。不過這樣的劃分並非絕對,例如:台灣水韭、瓜皮草在水深時為沉水狀態,但在水較少的情況下常呈挺水生長;而石龍尾、瓦氏水豬母乳等沉水植物,也會長出挺水的枝條;至於小穀精草為濕生植物,但在沉水狀態下也生長得很好。因此對水生植物生活型的描述,是要以植物所處的環境狀態做為依據。

▲ 水蘊草

沉水型植物

　　這類植物完全沉浸在水中，是最典型的水生植物。植物體的根部固定在水底，莖、葉完全沉沒在水中，例如：水蘊草、簀藻；或者植物體沒有根，植物體是懸浮在水的中間，例如：黃花狸藻、金魚藻。沉水植物的身體通常很柔軟，葉片的形狀較細長、厚度也較薄，可以因應水位高低的變化，或在快速的水流中，以柔軟的身軀隨著水流擺動。

▲ 簀藻

▲ 黃花狸藻

▲ 金魚藻

浮葉型植物

植物體的根部固定在土壤中，葉由細長而柔軟的葉柄支撐漂浮於水面，柔軟的葉柄能夠在水位改變的時候彎曲或伸展，使葉片保持浮在水面。例如：田字草、芡、王蓮、睡蓮、台灣萍蓬草、水金英等。

▲ 齒葉睡蓮

▲ 王蓮

漂浮性植物

漂浮性植物又稱浮水植物，植物體完全漂浮在水面上，容易受到水流的影響四處漂流。有些種類具有根部，但根部通常是懸垂在水中，不會固著在水底，例如：青萍、大萍；沒有根部的種類較少，例如：無根萍。漂浮性植物的葉面通常較寬廣，增加和水的接觸面，使植物體更容易浮在水面，例如：水萍、水鱉；或者植物體呈蓮座狀，讓整株植物體在水面上更平穩。例如：大萍、布袋蓮。

▲ 大萍

▲ 無根萍

▲ 大的是青萍、小的是水萍

挺水型植物

　　植物體僅根部或極少的部分生長在水中，莖或葉挺生於空氣中。由於部分植物體是伸出水中，因此植物體的支持性較高，已經和陸生植物很類似，並不會像沉水植物那樣的柔軟，例如：荷花、粉綠狐尾藻、荸薺、蘆葦。

▲ 荸薺

▲ 荷花

▲ 蘆葦

濕生型植物

　　植物的根部生長在潮濕的土壤中，植物體並沒有浸泡在水中。這類的植物只是根部所生長的土壤，含水量較高而已，因此在各方面的特徵都和陸生植物差不多，不過水分飽和潮濕的土壤仍然是它們最佳的生長環境，例如：水丁香、田蔥、香蒲等。

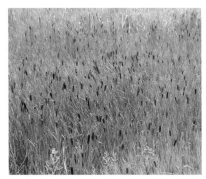

▲ 香蒲

▲ 田蔥

▲ 水丁香

水生植物的生態特性

水生植物生活在水中，植物體全部或一部分浸泡在水中，所面臨的最大問題就是如何在水中獲得足夠的「空氣」；而植物體如何在湍急的水流或波浪中隨波逐流，也是水生植物所要面對的。因此水生植物在形態和構造上發展出一些變化，讓它們可以更適應水中的生活環境。例如：蓼科的紅花穗蓼、小二仙草科的聚藻和玄參科的石龍尾，各屬不同的分類群，但都具有相似的羽毛狀或掌狀的沉水葉；睡蓮科的睡蓮、睡菜科的莕菜、澤瀉科的冠果草、水鱉科的水鱉等，也具有相似的圓心形浮水葉。

▲ 馬藻

▲ 芡（葉下表面）

葉形的變化

水生植物長期浸泡在水中，水就是它們最好的支持和依靠，不需像陸生植物一樣有發達的支持組織來支撐植物體，所以水生植物的身體通常較柔軟。就所有的水生植物來說，它們的葉子和陸生植物一樣，有各種不同的形狀。然而，對於沉水植物而言，為了減緩水流對植物體造成的衝擊，植物的葉子通

常呈線形、絲狀或羽狀裂，莖、葉也都較柔軟，這對於它們減少水的阻力
有很大的幫助，同時也可以增加植物體在水中接受光線和空氣的表面積。
植物生長在陸地上，水分會不斷的從葉面散失，因此陸生植物的葉片通常
較厚，表面具有蠟質的表皮層，可以減少水分散失；沉水植物就沒有這個
問題，葉片通常只有數層細胞的厚度，或者只有上下兩層細胞，水分可以
直接透過細胞膜進入細胞中。

　　浮葉或浮水的植物，葉片大多呈較寬闊的形狀，如圓形、橢圓形或心
形等，這樣可以使它們更平穩的浮在水面上而不會翻覆。這類的植物體中
通常也都具有發達的氣室，藉著空氣的浮力使植物更容易浮在水面上，例

▲ 流蘇菜

▲ 聚藻

▲ 小花石龍尾

▲ 布袋蓮

如：布袋蓮、水鱉。而像睡蓮、芡等植物，葉片的下表面通常有明顯隆起的葉脈，這些葉脈中不僅有發達的通氣組織幫助漂浮，對減緩水面的波浪也有很大的幫助。王蓮的葉緣向上折起，一般也認為和增加浮力及減緩水中的波浪有關。

異型葉的發展在水生植物中也很常見，例如：眼子菜同時具有絲狀的沉水葉和橢圓形的浮水葉；異葉水蓑衣沉水時葉片細裂成羽狀，挺水生長時葉片呈橢圓形。瓦氏水豬母乳沉水時葉片數目變得更多，形狀也較細

▲ 異葉石龍尾

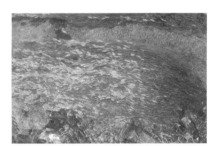

▲ 眼子菜

▲ 王蓮具向上折起的葉緣

長；長出挺水枝條時，葉片則呈長卵形。石龍尾屬的植物，挺水葉通常也較沉水葉為寬，異葉石龍尾甚至挺水葉呈長橢圓形，和纖細的羽狀葉完全不同。紅花穗蓴(*Cabomba piauhyensis* Gardner)的沉水葉細裂成掌狀，長相和石龍尾很相似，浮水葉則為線狀橢圓形。基本上，不論是哪一類型的水生植物，沉水葉通常較細，而挺水葉或浮水葉則較寬。部分水生植物的幼期，也常以較細長的沉水葉形態出現，例如：浮葉性的冠果草在成熟期的浮水葉為圓卵形，幼期葉則為帶狀；挺水性的鴨舌草和三腳剪，幼期葉也都為帶狀；沉水的水車前幼期葉也較細長，成熟植株葉片則呈寬卵形。

▲ 紅花穗蓴

▲ 鴨舌草幼期植株

▲ 冠果草幼期植株

▲ 三腳剪幼期植株

通氣組織

　　水生植物生活在水中，成功的發展出稱為「氣室」的「通氣組織」，這些氣室可以把空氣儲存在裡面，如此解決水生植物生長在水中所缺少的空氣這個問題。荷花是大家最熟悉的例子，它的地下莖「蓮藕」中間就有許多的氣洞；布袋蓮、菱角膨大的葉柄，兼具儲存空氣和幫助漂浮的功能；水鱉的葉下表面中間區域，有一處像蜂窩一樣的通氣組織；水禾的葉鞘成為氣囊狀；睡蓮的葉柄中也可以很清楚的看到許多通氣組織的孔道。這些是較為明顯的例子，其它在不同的部位或不同水生植物，只要細心去觀察都不難看到水生植物發達的通氣組織，它們共同的目的，都是要因應植物生活在水中對空氣的需求所產生的變化。

▲ 水禾葉鞘呈囊狀

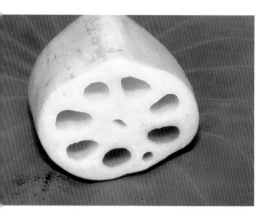

▲ 蓮藕

▲ 布袋蓮葉柄內部的氣室

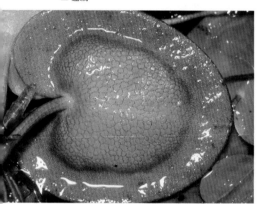

▲ 水鱉葉下表面具蜂窩狀通氣組織

▲ 台灣菱

▲ 布袋蓮膨大的葉柄

根部的功能

　　陸生植物的根兼具吸收和固著的功能，而水生植物生活在水中，身體直接和水接觸，植物體就可以直接從水中吸收水分和養分，特別是那些沉水植物，因此水生植物根部吸收物質的功能就顯得不那麼重要，主要的功能還是在固定植物體。在水中，水生植物或土壤層容易被水沖走，因此水生植物常在莖節的地方長出不定根，一方面保住自己也牢牢的抓住土壤；另一方面這樣的不定根，讓植物體的頂端不斷向前生長，達到擴展族群的目的。

　　對於那些自由漂浮的水生植物，根部並沒有固著在水底，而是懸垂在水中，通常這些植物的根部對植物體的平衡會有一些幫助，使植物體不致於翻覆，例如：布袋蓮、大萍等植物，這些漂浮植物的根系通常很發達，有時根系的比例遠遠超過上端莖葉的比例。

▲ 布袋蓮的根系

▲ 台灣水龍氣生根

▲ 白花水龍具向上生長的白色氣生根

一些植物更發展出氣生根，以因應缺乏氧氣的土壤和水中，例如：白花水龍和台灣水龍在莖節的地方，會有向水面生長的白色紡錘狀氣生根；水丁香也會從土中或水中長出白色一條一條的氣生根。這些氣生根中的海綿組織都非常發達，除了促進氣體的吸收之外，對增加浮力也有很大的幫助，例如：白花水龍和台灣水龍。

▲ 水丁香的氣生根

傳粉的多樣性

水生植物是一群原已演化為適應陸地上生活的植物，由於環境變化，使它們又回到水中，重新適應水中的環境，再度改變它們的植物體去適應這種新的環境，然而有性生殖的方式還是保留它們祖先陸地生活時的方式。因此水生植物雖然

▲ 水車前的花朵挺出水面

生長在水中，然而它們的花通常是開在水面之上，和陸生植物一樣，水生植物藉由昆蟲、風等力量來傳粉，達到開花結果的目的，例如：聚藻、石龍尾、水蘊草、簀藻等沉水植物的花都是挺出水面，透過風力或動物來達到傳粉的目的；其它浮葉植物、漂浮植物及挺水植物，傳粉的方式則和陸生植物沒什麼不同。

▲ 花朵伸出水面的簀藻

▲ 異齒葉藻挺出水面的花序

▲ 聚藻挺出水面的花序

▲ 一隻蜜蜂訪花後被困在睡蓮的花朵中

▲ 印度莕菜的花朵吸引昆蟲訪花傳粉

倒是水生植物生活在水中，傳粉一定少不了水這個重要的媒介，例如：金魚藻、甘藻、茨藻等沉水植物，花都生長在水中，傳粉完全在水中進行，水流就扮演極重要的角色，當然也有部分植物是靠水中活動的小動物來幫忙。有些如水王孫、苦草等沉水植物，則是把雄花完全釋放，自由漂浮在水面上，雌花則有長的花梗使其浮到水面上，藉由風力或水流讓雄花和雌花靠近，來達到傳粉的目的。

當然自然界中經常還是有例外的情形，有些植物的花並不會伸出

▲ 甘藻的雌花序

▲ 金魚藻的雄花

水面，也不打開，而是以花苞的形態在水中成長，裡面的花粉自行和雌蕊進行授粉的作用，產生果實和種子，這種方式稱為「閉花授粉」，這種情形在水生植物很常見，對於水位和水流速度經常變化的水中環境，用這種方式可以確保順利完成繁殖的目的，例如：茨、石龍尾等植物。

▲ 苦草的雄花

▲ 水王孫的雄花

▲ 水中閉花授粉、結果的茨

繁殖的策略

　　有性生殖是大多數植物採取的方式，植物開花、結果、產生種子，種子被散播出來，再萌發為新的植物體，這樣的過程和陸生植物並沒有什麼不同，只是水生植物生活在水中，水自然就成為它們散播種子重要的機制之一。較特別的是一些植物的花是伸出水面上來，但在完成授粉後，果實則是在水中成熟，例如：布袋蓮、大萍、莕菜屬、菱角、睡蓮等植物。以布袋蓮

▲ 布袋蓮正要綻開的花序

▲ 布袋蓮開完花後，花軸向下彎曲

為例，它把花軸抽在空中，花期只有一天的時間，第二天花軸便以180度的角度向下彎，使花序彎到水中，果實在水中成熟。睡蓮的花期約有三至四天，開完花後花軸像螺旋一樣，將花朵拉入水中，苦草的雌花也有相似的情形。

一般這些水生植物的果實在水中成熟後，便將種子釋放在水裡，沉到水底等待適當的光線和溫度，種子就在水中發芽成長。但有一些植物的種子被釋放出來後，並不會立即沉到水中，藉由種子上特殊的構造，讓種子漂浮在水面上一段時間再沉到水底，這種方式可以確保植物族群被散播出去，並減少和自己的競爭，例如：台灣萍蓬草、苦菜、睡蓮等植物。

無性繁殖在水生植物中扮演的功能，並不亞於有性繁殖的方式，這與

▲ 伸出水面開花的台灣菱

▲ 台灣萍蓬草成熟開裂的果實

▲ 台灣菱的果實在水中成熟

▲ 小苦菜漂浮在水面的種子

水中環境的不確定性有很大的關係，藉由無性繁殖的方式，植物可以有效且快速的達到擴展族群以及延續生命的目的。例如：浮萍類從葉狀體旁邊長出新的葉狀體，脫離之後又是一新的獨立個體。以地下根莖或走莖來繁殖，在陸生植物和

▲ 香蒲的地下走莖

水生植物都很常見，例如：田字草、荷花、台灣萍蓬草、蘆葦、香蒲等都具有發達的地下根莖；布袋蓮、大萍、水鱉等具有生長旺盛的走莖，能使個體數目快速增加。

不定芽的形成，對水生植物來說是很常見的情形。例如：水蕨常在營養葉的邊緣長出不定芽，不定芽接觸到土壤，就可以長成一新的植株。一些莎草科的植物可由花序頂端長出不定芽體，當重量太重時，便垂到水面或土壤上，如針藺、水毛花。

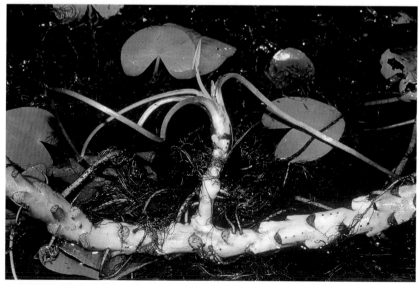
▲ 台灣萍蓬草粗狀的地下莖

▲ 布袋蓮以走莖行營養繁殖

▲ 水蕨葉片上的不定芽

▲ 大萍以走莖行營養繁殖

▲ 針藺花序上的不定芽

▲ 水毛花花序上的不定芽

　　有些植物更可由植物體的一個小片段，就可以再長成一個新植株來，例如：滿江紅、槐葉蘋、聚藻、水王孫、石龍尾等，這樣的方式也間接把水生植物藉由水流散播到其它地方；莕菜屬的植物，通常只要有一枚葉片和一個節，就可長成一完整的植株，並繁殖出大面積的族群。

　　休眠芽對於水生植物度過環境不良的時期，使族群能繼續生存，發揮很大的作用，例如：水鱉在冬季時植株全部枯萎，植株形成休眠芽沉入水中，當氣溫回升時，休眠芽才開始成長為浮水植株，眼子菜科的馬藻也有類似的休眠芽體。由地下走莖形成的越冬芽也很常見，例如：水王孫、眼子菜屬，在地下走莖的末端會形成一短縮的休眠芽體，以度過乾季或冬季。

▲ 水鱉的休眠芽

▲ 龍潭莕菜從節處長出新的枝條

▲ 馬藻的休眠芽

▲ 異齒葉藻的地下休眠芽

▲ 水王孫從地下休眠芽重新生長

台灣的水生植物

台灣水生植物的多樣性

　　台灣的水生植物有多少種？似乎沒有什麼標準答案，這當然和研究者對水生植物的界定有很大的關係，濕生植物是決定一個地區水生植物名錄的關鍵，林春吉在他的《台灣水生植物》一書中所列出的種數將近350個分類群，在楊遠波教授等《台灣水生植物圖誌》一書中的認定約300個分類群。依本書作者的認定，台灣的水生植物分屬59科112屬約251個分類群(表1、表2、表3)，包括蕨類植物9科9個分類群、雙子葉植物29科112個分類群、單子葉植物21科130個分類群，其中包括了8個特有種。台灣水生植物的數量約占台灣維管束植物5.76%的比例，而全世界的水生植物約占所有維管束植物種類的1~2%之間，以這樣的數據來看，台灣的水生植物資源是相當豐富的。

表1.台灣水生蕨類植物各科種數統計（根據台灣植物誌第二版1993~2003）

科　別	種　數	科　別	種　數
鐵線蕨科 Adiantaceae	1	水　蕨　科 Parkeriaceae	1
滿江紅科 Azollaceae	1	水龍骨科 Polypodiaceae	1
水　韭　科 Isoetaceae	1	槐葉蘋科 Salvinacaea	1
蘋　　　科 Marsileaceae	1	金星蕨科 Thelypteridaceae	1
紫萁科 Osmundaceae	1		

　　從各科的種數來看，台灣的水生植物是零星的分散在每一科之間，只有少數的科包含有較多的種數，在雙子葉植物中以玄參科、蓼科和千屈菜科的水生植物種數較多，在單子葉植物中則以莎草科的水生植物種數最多。如果我們看看這些水生植物種數較多的科，可以發現濕生植物在裡面所占的比例是很高的。

表2.台灣水生雙子葉植物各科種數統計（根據台灣植物誌第二版1993~2003）

科 別	種數	科 別	種數	科 別	種數
爵床科 Acanthaceae	4	狸藻科 Lentibulariaceae	8	番杏科 Aizoaceae	1
千屈菜科 Lythraceae	10	莧科 Amaranthaceae	1	睡菜科 Menyanthaceae	6
蓴科 Cabombaceae	1	蓮科 Nelumbonaceae	1	水馬齒科 Callitrichaceae	3
睡蓮科 Nymphaeaceae	4	桔梗科 Campanulaceae	2	柳葉菜科 Onagraceae	7
金魚藻科 Ceratophyllaceae	3	蓼科 Polygonaceae	14	菊科 Compositae	3
毛茛科 Ranunculaceae	2	旋花科 Convolvulaceae	1	茜草科 Rubiaceae	2
十字花科 Crucifera	2	三白草科 Saururaceae	2	溝繁縷科 Elatinaceae	1
玄參科 Scrophulariaceae	20	金絲桃科 Guttiferae	1	密穗桔梗科 Sphenocleaceae	1
小二仙草科 Haloragaceae	4	菱科 Trapaceae	3	田亞麻科 Hydrophyllaceae	1
繖形科 Umbelliferae	2	唇形科 Labiatae	2		

表3.台灣水生單子葉植物各科種數統計（根據台灣植物誌第二版1993~2003）

科 別	種數	科 別	種數	科 別	種數
澤瀉科 Alismataceae	5	田蔥科 Philydraceae	1	水蕹科 Aponogetonaceae	1
眼子菜科 Potamogetonaceae	9	天南星科 Araceae	2	雨久花科 Pontederiaceae	2
鴨趾草科 Commelinaceae	4	流蘇菜科 Ruppiaceae	1	莎草科 Cyperaceae	49
黑三稜科 Sparganiaceae	1	穀精草科 Eriocaulaceae	7	香蒲科 Typhaceae	2
禾本科 Gramineae	13	蔥草科 Xyridaceae	1	水鱉科 Hydrocharitaceae	11
角果藻科 Zannichelliaceae	3	燈心草科 Juncaceae	4	薑科 Zingiberaceae	1
浮萍科 Lemnaceae	5	甘藻科 Zosteraceae	1	茨藻科 Najadaceae	7

水生植物的生長環境

　　台灣是一個海島，在地理位置上處於熱帶的邊緣。島上高山林立，約有三分之二的面積為山地，從平地到高山，形成了熱帶、溫帶、寒帶等氣候類型。由於這樣的地理位置和海拔高度的垂直變化，造就了台灣豐富而多樣的植物相。對水生植物而言，台灣的山勢陡峭，河川短而湍急，並不太適合水生植物生長。雖然沒有什麼名川大湖，但是散布在各地的大小湖沼、溪流、溝渠、水塘、水田等環境，提供水生植物更多樣而豐富的生育環境。加上台灣位於鳥類東亞遷徙的路線上，每年候鳥由西伯利亞、華北、東北、韓國、日本來到台灣，或從南方的中南半島、廣東、廣西、菲律賓等地區來到台灣，許多水生植物就由水鳥帶到台灣來落地生根。因此

▲ 台灣島上高山林立

台灣雖然面積狹小，水生植物卻相當的豐富，包含熱帶和溫帶的種類超過二百種以上。

　　以海拔高度來看，宜蘭縣山區二千公尺左右的加羅湖群，是台灣島內水生植物分佈的最高上限，不過在這樣的海拔高度中，水生植物的種類並不多，水毛花、燈心草是最常見的種類；新竹縣尖石鄉海拔1670公尺的鴛鴦湖、宜蘭縣南澳鄉海拔1100公尺的神秘湖，則是目前台灣水生植物相保存最完整的地區；海拔1000公尺以下，則是台灣水生植物的天堂，例如：以前南投縣的日月潭、現今宜蘭縣的雙連埤、陽明山國家公園的夢幻湖和屏東縣南仁湖等地區，都有豐富的水生植物資源。

　　再從平面的角度來看，台灣除了海拔2500公尺以上的地區，沒有水生植物之外，從南到北、從西海岸至東海岸、從山區到海邊，都能找到水生植物的蹤跡，湖泊、池塘、溪流、溝渠、水田、沼澤濕地，以及海岸潮間帶，只要你細心觀察，不難發現水生植物的蹤跡。

▲ 水毛花是台灣海拔最高的水生植物

湖 泊

◆

在台灣真正可以稱得上湖泊的，大概只有日月潭，但因日據時期水力工程的施工，豐富的水生植物，例如：芡、子午蓮、鬼菱等就從此消失了。其它許多地方被稱為湖，雖不算典型，本書還是依一般的習慣，把這些地區包含在這一類來介紹。海拔1000公尺以上的湖泊有鴛鴦湖、神秘湖和松蘿湖，其中鴛鴦湖和神秘湖所生長的東亞黑三稜，是最為大家所熟悉的種類。松蘿湖的水生植物以濕生的連萼穀精草、錢蒲、宜蘭蓼為主。

海拔1000公尺以下的湖泊數量較多，水生植物的種類也更豐富，其中又大部分集中在北部和東北部地區。東北部宜蘭縣員山鄉的雙連埤就好像是當年日月潭的縮影，主要的有日本菱、雙連埤石龍尾、蓴菜等水生植物，浮島上則有克拉莎、馬來刺子莞、水社柳等濕生植物。宜蘭大同鄉山區的中嶺池和崙埤池，生長有本省最大族群的蓴菜和日本菱。北部陽明山

▲ 日月潭

國家公園的夢幻湖有台灣水韭、連
萼穀精草；汐止的新山夢湖的大葉
穀精草、荸薺、黃花狸藻等。南部
以位於屏東縣滿州鄉墾丁國家公園
的南仁湖為代表，是本省瓦氏水豬
母乳唯一的生育地，小莕菜在這裡
也有很大的族群數量。

▲ 鴛鴦湖

▲ 松蘿湖

▲ 夢幻湖

▲ 雙連埤

▲ 南仁湖

水 庫

　　人工興建的水庫，做為灌溉或飲水、發電、遊憩等功能，基本上在施工的時候，原來生長在這裡的水生植物都已經被破壞。但時間久了之後，一些水生植物還是會被帶進來，其中以蓼科、開卡蘆、長苞香蒲等植物為主；也有一些水生植物是人為丟棄的，以布袋蓮和大萍最為常見。新竹縣峨眉鄉的大埔水庫中就有大量的布袋蓮與大萍；新竹市的青草湖除了布袋蓮和大萍之外，香蒲、長苞香蒲、開卡蘆等，種類相當多；花蓮吉安鄉的鯉魚潭則有許多蓼科植物生長。

▲ 青草湖（新竹市）

▲ 鯉魚潭（花蓮）

▲ 大埔水庫（新竹縣）

水 塘

　　本省各地分佈許多大大小小的
水塘，昔日做為灌溉、養魚之用，
現今這些功能可能已經消失，卻成
為水生植物重要的生長場所。其中
以桃園地區的水塘最具代表性，上
千個水塘散布在桃園台地上，孕育
了台灣特有的水生植物台灣萍蓬
草，其它還有四、五十種水生植物
生長。在海岸附近的一些池塘，則
是以沉水的聚藻或半鹹水生長的流
蘇菜最為常見，香蒲和蘆葦則是池
邊挺水或濕生較常見的種類。

▲ 高美海邊水塘（台中縣清水）

▲ 大甲海邊水塘（台中縣）

▲ 龍潭埤塘（桃園縣）

水　田

　　水田是本省面積最大的水生環境，包含稻田、芋頭田、菱白筍田、菱角田等，本身水田中種植的這些作物，就是很典型的水生植物。而依附在水田環境中的水生植物也相當的豐富，例如：水蕨、短柄花溝繁縷、青萍、水萍、野慈菇、鴨舌草、簀藻、異匙葉藻、尖瓣草、水丁香、稗、瓜皮草及牛毛顫等，都是各地稻田中最常見的種類；在北部地區以小穀精草、微果草、虻眼草、水馬齒、挖耳草、擬紫蘇草、小莕菜、拂尾藻、日本簀藻等水生植物較為常見。這些水生植物基本上都屬於演替較初期的植物，一年兩期的稻作，使這些水生植物能繼續處於演替的初期，同時也減低許多後期競爭力較強的植物，使水生植物不致於被後期入侵的種類所取代而消失。

▲ 貢寮水田

▲ 水田中的鴨舌草

▲ 尖瓣草

沼澤濕地

　　湖泊、池塘、溪流旁、休耕或廢耕的水田等環境，經過多年演替後，形成潮濕的沼澤，例如：宜蘭縣員山鄉的草埤就是經過演替後逐漸淤積，目前僅剩下濕生性的植物。有些地區則會不斷從地下或山壁滲出水來，形成局部性的濕地，例如：新竹縣竹北蓮花寺的濕地，有大葉穀精草、菲律賓穀精草、田蔥、大井氏燈心草、開卡蘆等植物。這類的環境通常以挺水及濕生的水生植物為主，在沿海地區、河口附近、廢棄的池塘及水田等地區，以香蒲、蘆葦或毛蕨等植物最為常見；屏東佳樂水海岸和花東的泥火山區則有鹵蕨這種濕生性蕨類植物。

▲ 鴛鴦湖淺水沼澤區的白刺子莞

▲ 休耕水田形成的沼澤地

▲ 山壁滲水形成的濕地

溪 流

　　台灣地區山勢陡峭，溪流短而急，不利於水生植物生長，但在較平緩的河段還是可以見到如馬藻、聚藻等流水性的水生植物生長。例如：大甲溪在出了東勢以後，海拔降到一千公尺以下，河流趨於平緩，因此在大甲溪東勢、石岡這段的河流中，就可以發現像馬藻、聚藻等流水性的水生植物，台灣水龍、豆瓣菜、金魚藻、水蘊草等植物也常可看到，河床上則有許多風車草、香蒲、開卡蘆等植物生長。

▲ 屏東佳屏溪

▲ 大安溪河床

▲ 台中縣食水嵙溪

▲ 大甲溪下游

溝 渠

　　台灣早期以農業為主，灌溉溝渠當然成為農作物生長重要的水源。穿梭於農地間大大小小的溝渠，自然成為水生植物重要的生育環境。馬藻、聚藻、水王孫、馬來眼子菜、眼子菜等俗稱「草蓑」的種類是常見的流水性水生植物。簀藻、台灣水龍、苦草、青萍及蓼科等植物在溝渠中也很常見。布袋蓮這種漂浮性水生植物，更是溝渠中的常客，全省各地低海拔的水域都可以看到它的蹤影。

▲ 屏東五溝水

▲ 台中縣梧棲的大排水溝

▲ 台北市木柵貓空地區的小溝渠

▲ 台中縣龍井的排水溝

河 口

　　河流的出海口為淡水與海水交接之處，生長在這個區域的植物，必需適應比淡水中更高的鹽度。一般在這樣的環境中，大家最熟悉的莫過於紅樹林植物了，不過只要稍加留意，不難發現許多草本的水生植物。例如：北部的淡水河，中部的大安溪、大甲溪、溫寮溪，東北部的蘭陽溪等河口都有不少的水生植物生長，蘆葦、長苞香蒲、單葉鹹草、蒲、雲林莞草、海馬齒等是這類環境中最常見的種類。

▲ 台中縣龍井大排水溝出海口

▲ 台中縣高美大排水溝出海口

▲ 台中縣溫寮溪口

海岸潮間帶

　　台灣四面環海，海洋是一個不可忽視的重要資源，除了東海岸較陡峭之外，在西海岸、南海岸等地區，生長了一些海生的水生維管束植物，例如：新竹香山和台中清水一帶的甘藻，南灣和後壁湖的泰來藻與單脈二藥藻。這些生長在海中的水生植物，必須忍受高鹽度的海水浸泡，並從海水當中獲取植物體所需的水分，植物的開花和授粉也是在海水中進行。此外，台中縣清水高美濕地的海灘上，是由雲林莞草所形成的優勢植物社會，目前這個地區是雲林莞草在台灣面積最大的生育地；除雲林莞草之外，尚有鹽地鼠尾粟、粗根莖莎草及單葉鹹草等植物生長於此。

▲ 台中縣高美濕地

▲ 新竹香山

▲ 屏東墾丁後壁湖

水生植物的平面分布

　　台灣雖然只是個小島，但有來自南方的黑潮經過，除了帶來許多的生物之外，也對區域微氣候有某種程度的影響。冬季北方的東北季風，為東北部和東部帶來豐沛的水氣，也使得這些區域的氣溫與其它地區有明顯的不同。在種種因素交互作用之下，使台灣北部、東北部、東部、西部和南部，形成不同的植物生態分化。水生植物基本上和陸生植物有相似的分布狀態，此處把水生植物再區分為海生和淡水生長兩類來加以介紹。

海　草

　　一般把海生的水生植物稱為海草，是生長在熱帶和溫帶海域，水深在三、四十公尺以內淺海的單子葉植物。它們是屬於開花植物，不同於海中

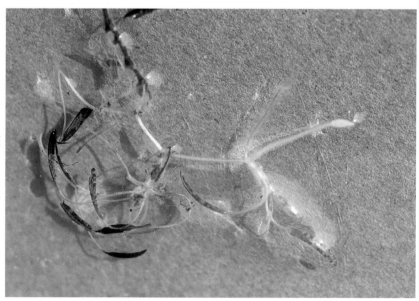

▲ 貝克喜鹽藻

的藻類，但其外形和名稱常被誤認為是生長在海中的藻類，因而經常被人忽視。

▲ 卵葉鹽藻

全世界的海草約有50種，分屬於水鱉科和廣義的眼子菜科(包括角果藻科、甘藻科等)。台灣地處熱帶和亞熱帶之間，必然有海草的分布，主要生長在西南沿海和澎湖地區。最早有關台灣海草的記載為1906年松村任三和早田文藏(Matsumura & Hayata)，根據採於高雄的標本所發表的線葉二藥藻。在1978年的《台灣植物誌》則已記載有五個種類和一個疑問種「貝克喜鹽藻」，1993年又在南灣海岸2-40公尺的海中發現一種新紀錄海草「毛葉鹽藻」，同一時期也確認了貝克喜鹽藻在台灣的分布，使得台灣目前有海草種類共七種(表4)。

▲ 泰來藻

表4.台灣海生水生植物一覽表

種　類	科　別	分　布
貝克喜鹽藻 *Halophila baccarii* Aschers.	水鱉科	西南沿海
毛葉鹽藻 *Halophila decipiens* Ostenf.	水鱉科	屏東南灣
卵葉鹽藻 *Halophila ovalis* (R. Br.) Hook. f.	水鱉科	西南沿海、澎湖
泰來藻 *Thalassia hemprichii* (Ehrenb.) Aschers.	水鱉科	屏東、綠島、小琉球
線葉二藥藻 *Halodule pinifolia* (Miki.) Hartog	角果藻科	屏東、小琉球、澎湖
單脈二藥藻 *Halodule uninervis* (Forssk.) Asch.	角果藻科	屏東、小琉球、澎湖
甘藻 *Zostera japonica* Asch. & Graebn.	甘藻科	台中高美、新竹香山、屏東、澎湖

　　毛葉鹽藻、貝克喜鹽藻和卵葉鹽藻三者的區別，在於毛葉鹽藻的葉面有毛、邊緣具小鋸齒，貝克喜鹽藻葉呈線形，可以很容易分辨。倒是毛葉鹽藻只發現於南灣，和其它種類比起來生長於水較深的地方；貝克喜鹽藻則是零星分布於西南沿海地區。

　　以台灣本島而言，南灣這個海域就同時擁有毛葉鹽藻、泰來藻、單脈二藥藻三種海草，是台灣最容易看到海草的地方。其次，新竹香山海灘上有一大片甘藻生長，雖然只有一種，但只要在海岸邊就可以看到，是台灣面積最大的甘藻群落，也是台灣目前海草最北的分布。如

▲ 單脈二藥藻

果把離島也一起來看，無疑的，台
灣外島的海草數量遠比本島更豐
富，其中澎湖更包含了本島的所有
種類，數量也更多。

【延伸閱讀】

◆ 莫顯蕎、李政諦、李忠潘 (1993) 台灣
  新紀錄海草：毛葉鹽草，Bot.
  Bull.Acad.Sin. 34:353-356。

◆ 楊遠波、方新疇、劉和義 (2002) 台灣
  海草之分類與分布，Taiwania
  47(1):54-61。

◆ 楊遠波 (2002) 水中舞者：海生植被，
  載於郭城孟主編《發現綠色台灣：台
  灣植物專輯》pp.38-41，行政院農委
  會林務局。

▲ 甘藻

▲ 後壁湖海域

淡水植物

　　說到台灣植物的平面分布，首推台灣大學森林系蘇鴻傑教授所提出的

台灣地理氣候區的劃分，他將台灣本島的植群劃分為六個地理氣候區。筆者初步分析台灣水生植物的平面分布情形，大致與蘇鴻傑教授的區分類似，不過為了使其與實際的情形更穩合，筆者依個人的經驗及相關的文獻做了一些調整，將台灣水生植物平面分布劃分為五個區域六種分布類型(表5)。筆者試圖在本書引起一個開端，如果要有更精確的劃分方式，需建立在更詳盡的植物普查工作及更豐富的標本館蒐藏。

▲ 烏蘇里聚藻

表5.台灣水生植物平面分布類型一覽

分布類型	植　物　種　類
北　台　灣	台灣水韭・烏蘇里聚藻・水杉菜・台灣萍蓬草・擬紫蘇草・窄葉澤瀉連萼穀精草・日本簀藻
東　北　部	蓴・宜蘭蓼・箭葉蓼・小葉四葉葎・雙連埤石龍尾・日本菱・圓葉澤瀉單穗薹・白刺子莞・東亞黑三稜
中　台　灣	大安水蓑衣・澤芹・台灣水蕹・尼泊爾穀精草
南　台　灣	南仁山水蓑衣・探芹草・瓦氏水豬母乳・龍骨瓣莕菜・白花水龍・異葉石龍尾屏東石龍尾
東　台　灣	美洲水豬母乳
全台分布	水蕨・金魚藻・水豬母乳・印度水豬母乳・短柄花溝繁縷・台灣水龍・過長沙三腳剪・鴨舌草・香蒲

(一) 北台灣分布型：

　　包括大台北地區、桃園、新竹等區域，其中台灣水韭、烏蘇里聚藻、水杉菜、台灣萍蓬草是最典型的代表，這一類型的植物基本上屬於溫帶類型的種類，具有和日本、西伯利亞、華北、東北等較近的要素，例如：水杉菜曾經是日本的特有種，近年來則在台灣被發現；烏蘇里聚藻也是分布於中國北方、韓國和日本等北溫帶地區；台灣萍蓬草也認為和日本的一種萍蓬草很相似(*Nuphar ogouraensis* Miki)；台灣水韭是否來自北方某一個角落，都不斷有人提出不同的看法。

▲ 水杉菜

(二) 東北部分布型：

　　台灣東北部的宜蘭地區，受東北季風的影響最明顯，代表這一類型的植物有蓴、日本菱、圓葉澤瀉、白刺子莞、東亞黑三稜等種類，這一類型的植物成分較複雜，基本上日本菱、白刺子莞、東亞黑三稜都是屬於北方溫帶的要素；蓴的分布則是從溫帶到亞熱帶新舊大陸均有分布，包括美洲、非洲、東亞及澳洲；圓葉澤瀉印度也有產，屬於東喜馬拉雅的植物成分。因此這麼複雜的植物成分為何集中在此一區域，是值得再深入探討的。

▲ 小葉四葉葎

▲ 圓葉澤瀉

▲ 蓴菜、日本菱

(三) 中台灣分布型：

　　包括苗栗、台中、南投、彰化、雲林、嘉義一帶的地區，這一類型的植物有大安水蓑衣、澤芹、台灣水薤、尼泊爾穀精草等，這些植物依目前的資料都只發現於中部地區，大安水蓑衣和台灣水薤為台灣特有種；尼泊爾穀精草目前只發現於蓮華池一帶，過去曾在新竹有採集紀錄，本種主要分布於印度、尼泊爾、泰國、中國、台灣、日本等東亞和南亞地區。除了特有種之外，本類型的植物基本上都是世界廣泛分布種。

▲ 澤芹

▲ 台灣水薤

▲ 大安水蓑衣

(四) 南台灣分布型：

　　包括台南、高雄、屏東等地區，這一類型的植物有南仁山水蓑衣、探芹草、瓦氏水豬母乳、龍骨瓣莕菜、白花水龍、異葉石龍尾等，此類植物偏向較熱帶南方的要素。

▲ 異葉石龍尾

(五) 東台灣分布型：

　　包括花蓮和台東地區，在分析這一類型植物時，基本上此一區域的水生植物和西半部並沒有太大的不同，但是地理位置上受到中央山脈的阻絕，因此還是把它獨立出來。代表此一區域的植物是美洲水豬母乳，這是一種原產北美洲的歸化植物，但至目前為止都只發現於東部，並未擴展至西半部，其原因為何，值得探討。

▲ 探芹草

▲ 南仁山水蓑衣

▲ 龍骨瓣莕菜

(六) 全台分布型：

　　對於台灣所產的水生植物而言，幾乎都是廣泛分布於台灣各地，例如：水蕨、田字草、金魚藻、水豬母乳、台灣水龍、香蒲等種類，這些植物不僅在台灣廣泛分布，在全世界各地也相當普遍，除了本身在氣候的適應之外，散播的方式也是造成這些植物相當普遍的主要原因。

▲ 短柄花溝繁縷

▲ 金魚藻

▲ 三腳剪

▲ 印度水豬母乳

▲ 鴨舌草

台灣特有種水生植物

　　根據《台灣植物誌》第二版的記載，特有的台灣水生植物種類有8種，約占水生植物種類的2.8%；然而以台灣所有的特有種植物約有26.2%的比例而言，水生植物的特有種比例並不高。形成這樣的原因，一方面是水生植物本身容易藉由各種傳播的方式，散播到不同的地區，使得水生植物的分布地域更為廣泛；加上台灣位於東亞島弧的中間地位，候鳥南來北往，容易把植物從別的地方帶到台灣，也會把台灣島上的植物散布到其它的地區。另一方面為台灣本身是一個年輕的島嶼，其形成的年代並不久，要演化形成特有種，時間似乎不夠長。因此，對於台灣的水生植物，特有種比例偏低的情況並不意外，甚至在目前的8個特有種當中，有幾個種類是否為台灣的特有植物，仍然是有討論的空間，未來更多的研究結果，將會使特有種的比例再下降。

表6. 台灣特有種水生植物一覽表（根據台灣植物誌第二版1993~2003）

種　類	科　別	分　布
台灣水韭 *Isoetes taiwanensis* DeVol	水 韭 科	陽明山國家公園七星山夢幻湖
大安水蓑衣 *Hygrophila pogonocalyx* Hayata	爵 床 科	台中縣大安、清水、龍井 彰化縣溪湖
龍潭莕菜 *Nymphoides lungtanensis* Li, Hsieh & Lin	睡 菜 科	桃園縣龍潭
台灣萍蓬草 *Nuphar shimadai* Hayata	睡 蓮 科	桃園縣、新竹縣
小花石龍尾 *Limnophila stipitata* (Hayata) Makino & Nemoto	玄 參 科	全島
桃園石龍尾 *Limnophila taoyuanensis* Yang & Yen	玄 參 科	桃園縣、嘉義縣
台灣水蕹 *Aponogeton taiwanensis* Masamune	水 蕹 科	桃園縣、台中縣清水
大井氏燈心草 *Juncus ohwianus* Kao	燈心草科	桃園縣、新竹縣

台灣水韭
Isoetes taiwanensis DeVol

▲ 台灣水韭

　　從植物地理學的角度來看，在台灣鄰近的中國、日本及菲律賓等地區都有水韭這類的植物被發現，台灣大學植物系棣慕華教授就曾推測台灣應該也有水韭分布，但是始終沒有任何的野外發現。直到1972年夏天，當時的台灣大學植物系研究生張惠珠及徐國士，在七星山的鴨池（現稱夢幻湖）發現了水韭，經棣慕華教授的鑑定，將其命名為台灣水韭 *Isoetes taiwanensis* DeVol，直到今天台灣水韭並未在夢幻湖以外的地方再被發現。雖然一直有人認為它可能並非只產於台灣，而且和日本水韭、中華水韭等種類極相似，然而在沒有更多的研究證據支持之前，台灣水韭仍是台灣的特有種。

▲ 夢幻湖

大安水蓑衣
Hygrophila pogonocalyx Hayata

　　最早為島田彌市(Y. Shimada)於1917年(大正六年)在雲林斗六所採到，1920年(大正九年)早田文藏(B. Hayata)在其所著的《台灣植物圖譜(Icones Plantarum Formosanarum)》第九卷中發表為新種。此種植物的特徵是其長橢圓形的葉片上密被許多毛，粉紅色的花朵大而明顯，約二公分長，花萼上也密佈許多毛。學名中的字根「pogon」是「髯毛」的意思，「calyx」是「花萼」，「pogonocalyx」整個字就是指「具有髯毛的花萼」。從標本的紀錄中可以發現，在彰化地區也有採集的紀錄，因此在過去這種植物可能遍布中部沿海地區的鄉鎮，主要生長在水溝旁、池塘邊等靠近水的地方。由於花期在秋、冬季節(8月至12月)，不開花時較不顯目，又無特殊的用途，因此常遭農夫剷除。目前只剩下分布於台中縣大安、清水及龍井地區共四個族群。大安水蓑衣無性繁殖能力很強，可以藉由枝條向外不

▲ 大安水蓑衣（高美）

▲ 大安水蓑衣（花）

斷蔓延擴大族群，對生育環境的水質要求也不高，如果不是生育地被破壞或遭人為剷除，其族群應可繼續維持，而不致消失。

在這些大安水蓑衣中，我們發現除了大安地區這個族群會結果產生種子外，其餘在清水和龍井的族群都不結種子。從外形上來看，大安的族群葉片顯得略窄而厚，清水和龍井的族群葉片則較薄且寬，不過差異還是很小。如果從生長型來看，清水、龍井的族群傾向於半直立的生長方式，而大安的族群則從半直立到直立的生長方式。從花期來看則有明顯的不同，大安的族群花期明顯較早，約在八月份就已經開花；而清水和龍井的族群要到11月份才開花。以族群遺傳的方法來分析(王唯匡等，2000)，也發現清水和龍井族群間的親緣關係較接近，而大安的族群則和它們有明顯的不同。這樣是否就能說這裡面就有兩種大安水蓑衣呢？答案似乎還沒有揭曉，需要更多的證據才能下定論。

▲ 大安水蓑衣（高美）

▲ 大安水蓑衣（大安）

龍潭莕菜
Nymphoides lungtanensis Li, Hsieh & Lin

　　莕菜屬植物過去都被置於龍膽科(Gentianaceae)，近來的研究大都認為這一類的植物應該將其置於睡菜科(Menyanthaceae)較適宜。台灣莕菜屬植物過去僅紀錄四種，但其中有許多引證的標本是鑑定錯誤的，以致長久以來對這一類植物的認定有許多混亂的情形，近來李松柏等人(2002)對台灣莕菜屬植物重新做了詳細的探討，紀錄目前台灣莕菜屬植物有六個分類群，除了過去的四個分類群外，另外增加一個栽培種荇菜和一個新的分類群「龍潭莕菜」。

　　龍潭莕菜外形和小莕菜很類似，一直被當做是小莕菜，但小莕菜花冠裂片上的鬚毛較少，且會結果產生種子；但龍潭莕菜的花冠裂片上的鬚毛較密且不結果，染色體為三倍體，明顯與小莕菜不同。目前只發現於桃園龍潭地區，桃園地區的埤塘不斷消失，龍潭莕菜的生育地也遭受破壞，本種野外族群如何並不清楚。

▲ 龍潭莕菜

台灣萍蓬草
Nuphar shimadai Hayata

台灣萍蓬草是日籍植物學者島
田彌市1915年於新竹縣的新埔所採
獲，日本植物學者早田文藏於1916
年在《台灣植物圖譜》第六卷中發
表為新種，種名*shimadai*就是為了
紀念其採集者島田彌市，模式標本
目前仍保存在林業試驗所植物標本

▲ 台灣萍蓬草（花）

館中。這種植物的特徵在於葉形近於圓形，葉背具有許多毛，不過肉眼不
易看出，要在解剖顯微鏡下才能看得清楚。其次，柱頭頂端6-10裂，在每一
裂片兩側呈紅色，也和其它種類的萍蓬草有所不同。僅發現於新竹縣和桃
園縣的一些埤塘，近年來桃園地區的埤塘不斷消失，或者因地主對土地利
用的觀念不同，再加上它的觀賞性極高，一些園藝業者大量蒐購，使得野
外台灣萍蓬草的數量逐漸減少。

▲ 台灣萍蓬草

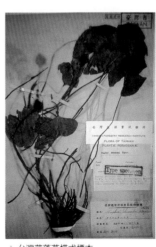

▲ 台灣萍蓬草模式標本

小花石龍尾

Limnophila stipitata (Hayata) Makino & Nemoto

　　早田文藏1920年根據田代安定(Y. Tashiro)1914年採於高雄鳳山的標本，發表於《台灣植物圖譜》第九卷，不過當時是以*Ambulia stipitata* Hayata這個學名發表，在描述標本館時則使用了*Limnophila stipitata* Hayata這個學名，但根據命名法規後面這個學名並不具有效性，後來1931年牧野富太郎和根本莞爾(T. Makino & K. Nemoto)在其《日本植物總覽》一書中所使用的*Limnophila stipitata* (Hayata) Makino & Nemoto才被正式採用。

　　不過小花石龍尾並未因此被認定，長久以來一直被處理為*L. trichophylla*(雙連埤石龍尾)、*L. indica*(印度石龍尾)、*L. sessiliflora*(無柄花石龍尾)等幾種植物的同種異名，甚至在最近，1998年的《台灣植物誌》第二版中都還處理為*L. trichophylla*，然而我們可以很清楚的知道，小花石龍尾和印度石龍尾、無柄花石龍尾是不同的。在1997年楊遠波教授和顏聖紘的〈台灣產石龍尾屬註〉

▲ 小花石龍尾

▲ 小花石龍尾

這篇文章中，並未處理*L. trichophylla*這個分類群，直到2001年，他們才在《台灣水生植物圖誌》一書中明確指出*L. trichophylla*這個分類群和宜蘭雙連埤的那種石龍尾是相同的，也就是本書所稱的「雙連埤石龍尾」。然而雙連埤石龍尾的花冠大型長約1.5cm，而小花石龍尾的花冠僅約0.6cm長，兩者有很明顯的不同。可是在《台灣水生植物圖誌》一書中雖提及小花石龍尾的學名，但並沒有任何的分類學處理或記載，它可能還是個懸案，但是至少我們已經很清楚的知道小花石龍尾的確是一個獨立的種。這種植物目前普遍分布於台灣全島各地水域，是台灣石龍尾屬植物中族群數量最多、分布最廣的一種。

桃園石龍尾
Limnophila taoyuanensis Yang & Yen

本種由楊遠波教授及顏聖紘1997年發表於〈台灣產石龍尾屬註〉這篇文章中，僅發現於桃園龍潭及嘉義，目前這些野外的生育地可能都已經消失，因此桃園石龍尾可能也都沒有野外的族群生長。本種從不結實，可能為一雜交種。

▲ 桃園石龍尾

台灣水蕹

Aponogeton taiwanensis Masamune

◆

　　本省有關水蕹的最早文獻，是1941年日籍植物學者正宗嚴敬(G. Masamune)所發表的台灣水蕹，當時的植物是採自桃園的水田。此後五十年來，本省就不再有任何有關它的訊息，直到1992年，筆者才在清水鎮的水田中再度發現這種消失半個世紀的植物。1943年，正宗嚴敬將他在1941年發表的台灣水蕹，處理為一個變種 (A. natans Engl. *et* Kraus. var. *taiwanensis* Masamune)；到1956年，他認為這種水蕹應是 A. natans (L) Engl. *et* Krause，而非其變種，這個學名也被沿用於1978年的《台灣植物誌》第五卷。

　　H. W. E. van Bruggen在1985年對全世界水蕹屬植物所做的專論中，認為從正宗嚴敬的文獻中，都無法得知這種植物花的顏色，仍存有一些疑點，但由於沒有實際看到標本，所以還是將其視為一未確定的種類。近年來楊遠波教授在《台灣水生被子植物要覽》(1987)、《台灣植物誌》第二版(2000)、《台灣維管束植物簡誌》(2001)、《台灣水生植物圖誌》(2001)等的論述中，也都提到了與van Bruggen討論的見解，而保留正宗嚴敬最早所發表的學名A. *taiwanensis* Masamune。筆者比較其它水蕹屬植物的形態及染色體特徵，認為台灣目前所發現的水蕹和其它的種類有很大的不同，因此採用最早*Aponogeton taiwanensis* Masamune這個學名。

▲ 台灣水蕹

▲ 台灣水蕹塊莖

大井氏燈心草
Juncus ohwianus Kao

▲ 大井氏燈心草

本種為台大植物系標本館高木村先生，根據島田彌市採於新竹和桃園的兩份標本，在1978年的台灣植物誌所發表的新種，目前較明確的分布為新竹蓮花寺一帶的濕地。然而在《台灣水生植物圖誌》一書中，則認為大井氏燈心草為小葉燈心草的同種異名。雖然書中指出《台灣植物誌》所引用的小葉燈心草標本都是錢蒲的標本，且小葉燈心草的葉橫切面圓形且有明顯的隔膜，這個說法雖然正確，但小葉燈心草仍有一些近似種，因此大井氏燈心草是否為小葉燈心草，還需要更多的證據才能下定論。

┌【延伸閱讀】┐
- Huang, J. C., W. K. Wang, K.H. Hong, & T. Y. Chiang (2001) Population differentiation and phylogeography of *Hygrophila pogonocalyx* based on RAPDs fingerprints. Aquatic Botany 70:269-280.
- 王唯匡、黃朝慶、蔣鎮宇（2000）台灣特有水生植物大安水蓑衣族群分化與保育之探討，自然保育季刊 31: 54-57。
- 李松柏（1998）台灣稀有的水生植物-水蕹，自然保育季刊 22:38-42。
- 李松柏（2001）水生植物專區：台灣萍蓬草，塔山自然實驗室 (http://www.tnl.org.tw)。
- 李松柏（2003）水生植物專區：台灣水蕹，塔山自然實驗室 (http://www.tnl.org.tw)。
- 郭城孟（2001）蕨類入門，遠流。
- 楊遠波、顏聖紘（1997）台灣產石龍尾屬（玄參科）註，Bot. Bull. Acad. Sin. 38:285-295。
- 楊遠波、顏聖紘、林仲剛（2001）台灣水生植物圖誌，行政院農業委員會。

歸化水生植物

　　植物透過各種自然力量把族群向外散播，本來就是植物擴展族群生育地的方式。然而隨著人類活動的頻繁以及活動距離的增遠，在有意或無意中把一些植物帶到另一個地方，這些植物便在當地落地生根繁衍後代，這類的植物我們稱它為「歸化植物」。人為因素歸化的植物，通常是由於食用、藥用、觀賞、飼料、綠肥、牧草等原因。布袋蓮就是因為美麗的花朵吸引人們的目光，而被引入做為觀賞植物，讓這原產於南美洲巴西的水生植物，遠渡重洋來到世界各個角落，如今在全世界各地水域歸化蔓延，成為水域頭號的麻煩植物，各國政府每年都要花費相當龐大的經費來清除布袋蓮，以免造成水域、溝渠堵塞，或影響到水域衛生、水上交通、漁業經濟。異葉水蓑衣是近年來才被水族界引入的觀賞植物，目前在南部地區的一些溝渠中已可見到野生的族群。

另一類歸化的原因可以說是「偷渡」，這些植物的種子夾雜在其它被引進的貨物中，如穀類、飼料等，經過港口、機場入侵，一旦適合生長在本地的環境，就開始繁殖蔓延，例如：異莖闊苞菊在短短十年內，那帶有毛的果實藉由風力散布，已經遍布全台的各個濕地環境。目前歸化台灣的水生植物約有17種(表7)，其中大部分種類是原產於美洲地區，約占全部歸化種類的76%。

▲ 異莖闊苞菊

表7.台灣歸化水生植物一覽表

種　類	科　名	原產地
異葉水蓑衣 *Hygrophila difformis* (Linn. f.) E. Hossain	爵床科	印度
長梗滿天星 *Alternanthera philoxeroides* (Moq.) Griseb.	莧科	南美洲
帚馬蘭 *Aster subulatus* Michaux	菊科	北美洲
翼莖闊苞菊 *Pluchea sagittalis* (Lam.) Caqbera	菊科	南美洲
豆瓣菜 *Nasturtium officinale* R. Br.	十字花科	歐亞
凹果水馬齒 *Callitriche peploides* Nutt.	水馬齒科	北美洲
粉綠狐尾藻 *Myriophyllum aquaticum* (Vell.) Verdc.	小二仙草科	南美洲
長葉水莧菜 *Ammannia coccinea* Rathb.	千屈菜科	北美洲
美洲水豬母乳 *Rotala ramosior* (L.) Koehne	千屈菜科	北美洲
方果水丁香 *Ludwigia decurrens* Walt.	柳葉菜科	熱帶美洲
擬櫻草 *Lindernia anagallidea* (Michx.) Pennell	玄參科	北美洲
美洲母草 *Lindernia dubia* (L.) Pennell	玄參科	北美洲
大萍 *Pistia stratiotes* L.	天南星科	南美洲
風車草 *Cyperus alternifolius* L. subsp. *flabelliformis* (Rottb.) Kukenthal	莎草科	非洲
水蘊草 *Egeria densa* Planch.	水鱉科	南美洲
苦草 *Vallisneria spiralis* L.	水鱉科	歐亞
布袋蓮 *Eichhornia crassipes* (Mart.) Solms	雨久花科	南美洲

翼莖闊苞菊
Pluchea sagittalis (Lam.) Caqbera

翼莖闊苞菊正式文獻的記載是在1998年，但野外採集約可追溯至1980年左右，筆者1995年第一次在新竹香山的水田採到這種植物，當時這種植物大約還只在北部至新竹一帶生長，目前已經擴展到台灣各地區。這種強大的散播能力，當然要靠它細小且具有毛的果實，成熟後藉由風力將它們帶到台灣各角落的濕地。

翼莖闊苞菊最容易辨識的特徵，就是葉片的基部向下延伸到莖部，使的莖形成翼狀；其次，它的花序聚集在頂端呈一個平面。

▲ 異莖闊苞菊

▲ 異莖闊苞菊翼狀莖部

粉綠狐尾藻
Myriophyllum aquaticum (Vell.) Verdc.

　　粉綠狐尾藻主要是水族引進，作為水族箱水草或庭園景觀植物，一些個體被放到野外後，便大量繁殖，正式被列入文獻中則是在1996年。聚藻屬這類的植物，葉片通常為羽狀，其中以粉綠狐尾藻的葉形較大，且自然情況下以挺水生長為主。聚藻屬植物的花朵通常很小，且是單性花；粉綠狐尾藻的花更不明顯，生長在葉腋，雌雄異株，台灣只有雌性植株，並未見過雄性植株。

▲ 粉綠狐尾藻雌花腋生

▲ 粉綠狐尾藻

▲ 溝渠中的粉綠狐尾藻

方果水丁香
Ludwigia decurrens Walt.

▲ 方果水丁香

　　筆者1995年第一次在台中縣大甲溪北岸採到這種植物，植株相當高大，可以超過二公尺以上，莖部呈翼狀是它的重要辨識特徵。花朵大小、長相則和水丁香差不多；果實則較短小。目前在全台各地的水田、濕地都可以見到這種植物生長。

▲ 方果水丁香

水蘊草
Egeria densa Planch.

▲ 溝渠中的水蘊草

大家對水蘊草的印象應該很熟悉，從小自然課、生物課中觀察葉部細胞和收集光合作用氣體的實驗中，就經常以它為材料。水蘊草原產於南美洲巴西，最早被帶離其原產地的記錄約在1893年左右，主要被用在水族箱或水池中當作提供氧氣的用途。台灣何時引進則不得而知，目前仍被廣泛使用於自然科教學及水族箱的造景，在野外溝渠中生長的時間也至少有二十年了。

▲ 水蘊草

許多人常對水蘊草和台灣原生的水王孫混淆，兩者都有相似線形的輪生葉，的確很不容易辨別，從三個部位的特徵可以很容易來辨識。第一：水王孫葉腋處有二枚褐色鱗片，水蘊草則沒有。第二：水蘊草的花挺出水面，花瓣三枚，白色，台灣只有雄性植株。水王孫的雌花浮貼水面，花被六枚，淡白色；雄花則是脫離植株自由飄浮於水面。第三、水王孫具有休眠芽，水蘊草則沒有。

▲ 水王孫

▲ 水王孫葉腋的苞片

▲ 水王孫的雄花及雌花

布袋蓮
Eichhornia crassipes (Mart.) Solms

▲ 布袋蓮（花序）

談到歸化植物就一定要來說說布袋蓮，文獻記載約在1897年左右進入台灣，作為觀賞植物。大部分的水生植物都會藉無性生殖來繁衍族群，布袋蓮也不例外，它透過走莖繁殖的速度更超越其它的植物，常在短短的兩三個月之間，就將一條溝渠或一個水域完全覆蓋而不留下任何空隙。一百多年前，人們被那豔麗動人的花姿所吸引，被人們

▲ 布袋蓮

飄洋過海帶到世界的各個角落。而布袋蓮之所以能在世界各地生存並繁衍，除了它無性繁殖的特性之外，最重要的還是它對生長環境並不苛求，再加上它的天敵也並未和它一起被帶出來，使得布袋蓮能在各地的水域增長，不僅造成水域生態完全改觀，同時依賴水域所從事的各項活動，如運輸、飲水、漁業、養殖等無不遭受嚴重的打擊。

▲ 布袋蓮將溝渠完全覆蓋

布袋蓮吸引人的地方在於它豔麗的花朵，在它每一朵花上方的一枚花被片中間為藍紫色，中心還有一塊菱形的黃色斑點，使整個花朵看起來特別耀眼，看起來有如「鳳眼」，所以布袋蓮又有「鳳眼蓮」之稱，而其所構成的花序，又和風信子的花序很相似，在英文中將布袋蓮稱為水風信子(water hyacinth)。

布袋蓮在台灣約五月份就可以看到開花，六、七月盛夏季時期開花的數量最多，九月以後開花就逐漸減少，12月就看不到開花的情形了。開花的過程則可分為兩個階段，第一個階段是開花的過程，早上花朵綻開，傍晚花朵閉合，每一朵花的壽命均只有一天；第二個階段為花序軸下彎的過程，當花朵閉合後，軸就逐漸向下彎曲，第二天整個花軸約呈180度下彎。

▲ 溝渠中的布袋蓮

【延伸閱讀】

◆ 李松柏（2000）塔山文集：灼灼其華，在水一涯-布袋蓮，塔山自然實驗室（http://www.tnl.org.tw）。

◆ 李松柏（2001）布袋蓮的有性繁殖，台灣濕地26:26-29。

食用水生植物

早期人類傍水而居，在水邊或水中的植物很自然的成為人們生活中重要的一環，許多植物被拿來當作食物的來源，例如：中國人重要的穀物「水稻」、蘭嶼達悟族人的「水芋」，這些都是被長期栽培做為主要的糧食；蓮子、蓮藕、茭白筍、荸薺、空心菜、菱角等，是我們桌上常見的美味菜餚；偶爾在一些山產店可以品嚐一些野菜，如水芹菜、豆瓣菜、鴨舌草；早期生活窮苦的農人，以台灣水蕹來補充糧食的不足；蓴菜在中國自古以來都是上等的美味佳餚。

表8.食用水生植物一覽表

食用類別	植物種類
雜　　糧	稻・水芋
莖　　菜	荷花(蓮藕)・龍骨瓣莕菜・水芋・慈姑・荸薺(馬薯)・菰(茭白筍)・台灣水蕹
葉　　菜	空心菜・水芹菜・蓴・豆瓣菜・尖瓣花・鴨舌草
果　　菜	荷花(蓮子)・台灣菱(菱角)・芡

▲ 蓴菜

蓴

Brasenia schreberi Gmel.

◆

　　中國是世界上對水生植物採集利用、馴化栽培歷史悠久的地區，早在周代的《詩經‧魯頌》裡就有提到：「思樂泮水，薄采其茆。魯侯戾止，在泮飲酒。」句中的「茆」就是蓴菜；《周禮‧天官》書中也提到以淹漬的蓴菜做為祭祀食物的記載。魏晉時代《世說新語》中也有「千里蓴羹」的典故，更道盡了這種食物的美味可口；另外《晉書‧張翰傳》中的「鱸膾蓴羹」，更把蓴菜和鱸魚並提，說明了蓴菜在中國飲食史上所占的地位。

　　蓴菜主要是以富有膠質的莖和嫩葉做湯煮食，柔滑可口。不過台灣地區要吃到這種食物並不容易，蓴菜在台灣目前只生長在宜蘭的中嶺池和崙埤池兩地。在中國大陸長江以南地區，有較大規模栽植，供應市場所需。

▲ 蓴菜生育地（中嶺池）

荷花

Nelumbo nucifera Gaertn.

　　很少有一種植物每一個部位都有一個名稱，荷花就是其中之一。《爾雅・釋草》中就提到：「荷，芙渠；其莖茄，其葉蕸，其本蔤，其華菡萏，其實蓮，其根藕，其中的，的中薏。」意思是說荷花就是芙渠，它的莖稱作「茄」，葉稱作「蕸」，根稱作「蔤」，花稱作「菡萏」，果實稱作「蓮」，根稱作「藕」，種子稱作「的」，種子的中心稱作「薏」。這代表荷花的每一個部位，在人們生活中有它特殊的用途。蓮藕和蓮子自古就是重要的食材之一，營養價值相當高，也常被用做養身保健的食物。其它部位如藕節、蓮薏、花、雄蕊、蓮葉蒂等則可以入藥，荷葉也常被拿來當食物包裝的材料。荷花的高營養價值，自古就深受人們的喜愛，佔有廣大的市場需求，其栽培的面積可以說是水生植物中最廣的。

▲ 蓮藕

▲ 荷葉飯

▲ 蓮子及蓮薏

▲ 蓮薏

▲ 荷花

芡

Euryale ferox Salisb.

　　對於芡可以吃這一件事，很多人並不太熟悉。但講到「四神湯」吃過的人就很多了，它是由淮山(一種薯蕷科植物)、蓮子、茯苓(一種多孔菌)、芡實這四種藥材所組成，可促進體內水分的代謝，對於脾胃及腎臟的功能有許多的助益。

▲ 芡實及種子

　　芡是東亞和南亞地區特產的植物，葉片很大，足以和遠在美洲對岸的「王蓮」互相媲美；不過王蓮葉子的上表面沒有刺，而芡的植物體則是全身遍布銳刺。芡的花朵外型長得很像雞的頭部，所以在大陸地區有「雞頭」的名稱。果實在水中逐漸成熟，種子中富含養分，長久以來就被拿來當做食物，有「芡米」、「芡實」之稱，四神湯所用的材料就是芡的種子。

　　中國大陸是它主要的分布地區，長久以來台灣地區所須要的芡實也都是來自大陸，其栽培的歷史至少有一千年以上。過去台灣也有許多野生的芡實，早在十九世紀末期英國人亨利(A. Henry)在南部高雄地區的採集中，就有芡實這種植物的記載，日據時期許多日籍植物學者在台灣各地也都有不少的採集紀錄；本省最大的湖泊日月潭，也曾是芡實的重要生育地。台灣光復後，芡實在台灣應該還不少，由於芡實的植株很大，因此生育的環境須要較大的水域，但是民國五十年代以後，許多水利工程及土地重劃的結果，使得芡實所賴以生存的大面積水域消失，直到今天我們在各地所看到的芡實都不是野生的植株了。在老一輩的農夫身上，或許你還可以從他們口中得知一些有關芡實的故事，對於早期生活窮困的人們，採一些芡實回家還可以補充一點糧食上的不足。

台灣菱

Trapa bicornis Osbeck var. *taiwanensis* (Nakai) Xiong

　　菱屬植物廣泛分布在全世界，但只有中國和台灣地區把菱角這類的植物栽植當作食物。每年到了九月、十月，路邊、市場到處都可以看到熱氣騰騰冒出的「菱角」攤，秋天正是台灣菱角採收的季節。果實長得像「牛角」或「元寶」形狀的菱角，除了以水煮當副食之外，去除外殼後也可作為菜餚。

　　吃過菱角，但不知道菱角的植株長什麼樣子的人也不少，近年來休閒農業的推廣，很多人去體驗採菱的樂趣，實際接觸菱角，因此對菱角有較多的認識。菱角的葉子是成蓮座狀生長，浮在水面上，細長的莖部一直生長到水底土中。花朵伸出水面，開完花後果實則在水中慢慢成熟，成熟時紅色，煮熟了就是我們看起來黑色的「菱角」。中國大陸所產的「紅菱」(*T. bicornis* Osbeck)和台灣菱很相似，可能是同一種，不過需要更多的研究；另外還有一種四角菱(*T. quadrispinosa* Roxb.)，幾年前也曾經出現在台灣的市場上，但不久就不再有人賣了。

▲ 菱田

▲ 菱角

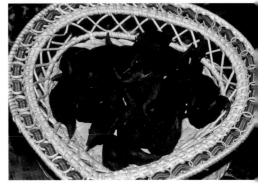

▲ 煮熟的菱角

空心菜
Ipomoea aquatica Forsk.

◆

　　大家對「水蕹菜」或「空心菜」這種蔬菜並不陌生，但是你絕對很難想像，平常種在菜園中的空心菜，竟然是一種水生植物。空心菜是一種廣泛分布在熱帶和亞熱帶沼澤地區的蔓性植物，東南亞地區很早就拿來當作食物，中國南方地區則是最早將它栽培為蔬菜的地方。人工栽植的空心菜，植株不高，但如果一段時間不採摘，枝條自然越長越長，最後成為蔓性。

　　空心菜的生長季節在夏季，是台灣地區夏季重要的葉菜類植物，各地農田都有栽植，宜蘭礁溪的溫泉空心菜，其實是讓它回到最適合的生長環境——水中。植株在秋冬季開花結果，寒冷的冬天枯萎。明代李時珍的《本草綱目》對空心菜的習性有很詳細的描述，並具有解毒和治難產等功能。

▲ 空心菜

▲ 空心菜開花植株

水芋
Colocasia esculenta (L.)Schott

◆

　　芋原產於印度、斯里蘭卡、蘇門達臘、印尼、馬來西亞、中國等熱帶和亞熱帶沼澤地區，在中國有很久的栽培歷史，東南亞地區的原住民食用極為普遍，蘭嶼達悟族則是以此為主食。在台灣地區談到「甲仙的芋頭」、「台中草湖芋仔冰」、「大甲芋頭酥」等各地名產，相信大家都不陌生；俗

稱「芋橫、芋荷」的葉柄，也常是桌上美味的菜餚。芋頭是生長在淺水田中或水邊的植物，品種很多，我們吃的「芋頭」就是水芋的地下塊莖，富含大量的澱粉，一般當做主食、副食或點心的材料。

▲ 水芋田

▲ 水芋

甜荸薺
Eleocharis dulcis (Burm. f.) Trin. ex Henschel

荸薺別稱「馬薯」、「馬蹄」、「烏芋」，是一種多年生挺水植物，分布於亞洲及非洲熱帶和亞熱帶地區，野生種並不會產生膨大的地下球莖，台灣各地常可見到野生的荸薺，我們所吃的荸薺塊莖是栽培變種「甜荸薺」所產生的。和其它食用水生植物一樣，荸薺的塊莖也含有豐富的澱粉，但不同的是，荸薺的質感清脆、久煮不爛，因此許多菜餚都以它為搭配材料，如魚丸、甜不辣、珍珠丸子等都少不了它。

▲ 甜荸薺塊莖

▲ 甜荸薺

稻

Oryza sativa L.

◆

　　稻米、小麥和玉米是人類食物三大來源，而稻米更是全世界一半以上人口的主要糧食，特別是在熱帶和亞熱帶地區，東南亞的水稻栽植歷史更是久遠。根據考古資料，中國浙江河姆渡在公元前五千年到四千六百年左右，就有水稻的栽培。在神農氏時期（約公元前2700年左右），稻米已是五穀之一。在中國最早的詩歌集《詩經·豳風·七月》中就提到「六月食鬱及薁，七月亨葵及菽，八月剝棗，十月穫稻，為此春酒，以介眉壽。」；《小雅·白華》也提到「滮池北流，浸彼稻田，嘯歌傷懷，念彼碩人。」從這些詩句，可以看出古時候人們的生活與稻子的關係，同時也可以看出稻子的生長需要水來灌溉。

　　稻子成熟的果實稱為「穎果」，除去外面的稻殼(果皮)就是「糙米」，糙

▲ 秧苗床

▲ 一卷一卷準備插秧的秧苗

▲ 農人插秧苗

▲ 現今插秧的機器

米再除去種皮(米糠)和胚就是「白米」。在台灣稻子仍然是人們三餐的主食，品種很多，如俗稱在來種的秈稻、蓬萊種的梗稻等，這些都是雜交改良出來的品種。水稻原是一種生長濕地的禾本科單子葉一年生的植物，一般是一年二期的耕作方式，過去第二期稻作時農夫均重新育苗播種插秧，近年來第二期稻作均留下一期稻的基部，使其再長新芽，而不重新播種。

▲ 稻花

▲ 水稻

▲ 成熟的水稻

菰

Zizania latifolia (Griseb.) Stapf

◆

　　大家對「菰」這個名稱一定不熟悉，但說到「茭白筍」你一定知道。「菰」是中國的古名，原產中國，早在公元前三世紀周代就已經開始利用這種植物，不過當時並非食用莖這個部位，而是以其果實當作穀物，稱為「菰米」，可以拿來當飯食用。正常情況下，菰在秋天抽穗結實。然而現今的菰因被「黑粉菌」感染寄生，莖稈變得肥大，由於組織非常細嫩，所以被拿來當蔬菜，就是我們熟悉的「茭白筍」，是夏季常見的蔬菜種類。當黑粉菌的孢子成熟後變成黑色，使得茭白筍看起來黑黑的稱為「黑心」，常被誤以為是污泥跑到裡面。

▲ 農人整理茭白筍田

▲ 菰開花的植株

▲ 菰的花序

龍骨瓣莕菜
Nymphoides hydrophylla (Lour.) O. Kuntze

分布南亞地區，過去在台灣的分布情形並不清楚，目前只發現於高雄美濃地區，主要是栽植為蔬菜，當地稱為「野蓮」。原本美濃的龍骨瓣莕菜是生長在中正湖，後來中正湖的水被污染，加上布袋蓮、大萍等植物的入侵，使得龍骨瓣莕菜從此在中正湖消失。可能是一些種子隨著水流，散布到附近的水田，一些農人加以蒐集栽植在池塘中，利用水位的調整，讓龍骨瓣莕菜的枝條伸長，然後採摘枝條做為蔬菜。最早中正湖還有龍骨瓣莕菜的時候，附近的居民便有採食龍骨瓣莕菜的情形，後來農民會把它栽植為蔬菜，可能也是從中正湖附近的居民得知。食用的方法一般以破布子或薑絲、辣椒等混合快炒，清脆可口，有獨特風味。

▲ 龍骨瓣莕菜

【延伸閱讀】

- ◆ 李松柏（2001）水生植物專區：「蓮」與「荷」，塔山自然實驗室（http://www.tnl.org.tw）。
- ◆ 李松柏（2001）水生植物專區：芡實，塔山自然實驗室（http://www.tnl.org.tw）
- ◆ 李松柏（2002）水生植物專區：蓴，塔山自然實驗室（http://www.tnl.org.tw）。
- ◆ 李松柏、謝宗欣、林春吉（2002）台灣之莕菜屬（睡菜科），Taiwania 47(4):246-258。
- ◆ 林瑞典（2003）稀有水生植物—龍骨瓣莕菜簡介，自然保育季刊44:24-28。
- ◆ 黃世富（2001）菱科，載於：楊遠波、顏聖紘、林仲剛《台灣水生植物圖誌》，pp.98-106，行政院農委會。

▲ 正在採收的龍骨瓣莕菜

觀賞水生植物

審美是人與生俱來的天性，大自然是美的事物的來源。從中國的荷花到埃及的睡蓮，自古人類在信仰、藝術、建築、裝飾品、詩詞等，無不表現出受到植物的感召。在今日繁華的都市叢林中，人們與大自然的距離越來越遙遠，然而在我們的花圃中、陽台上卻增添了越來越多的植物，給忙碌的現代人增添一點心靈上的調適。

▲ 藻井

▲ 陶器

▲ 水生植物造園

作為觀賞的水生植物，豔麗的花朵自然是人們注目的焦點，荷花、睡蓮古今中外都是重要的水生花卉，布袋蓮、萍蓬草、荇菜、水金英等也都具有大而亮麗的花朵。當然有一些植物則是以外形美觀或奇特，而受到大家的喜愛，如野薑花、大萍、紙莎草、王蓮等植物。有些則是因過去曾經有一些特殊的用途，而被栽植為觀賞植物，如端午節插在門口的「水菖蒲」，用來做繩子、草帽、草蓆的「單葉鹹草」、「蒲(大甲藺)」等植物。

最近幾年來，水生植物似乎感

▲ 水生植物盆栽

▲ 水生植物盆栽造景

097

染了許多人們的心靈。社區、學校、植物園中一座座生態景觀水池、造景相繼出現；一些休閒農園更以水生植物為主要訴求，來吸引遊客。不過台灣本土所產的種類並不多，大部分是外來的種類，例如：荇菜、水金英、王蓮、日本萍蓬草、粉綠狐尾藻、齒果澤瀉屬、紙莎草、光葉水菊、水竹芋(*Thalia dealbata* Fraser)等植物；而布袋蓮、大萍、風車草等則是歸化已久的外來種類；台灣原生的睡蓮早已滅絕，目前的種類都是外來或雜交的品種，至於荷花則是人類栽植已久的水生植物。

在台灣所產的水生植物中，花朵大而豔麗的種類並不多，倒是有一些較中、小型的種類，開著很吸引人的小花，如大安水蓑衣、台灣萍蓬草、水豬母乳、小荇菜、龍骨瓣荇菜、絲葉狸藻、紫蘇草、冠果草、田蔥等植物，在許多生態景觀水池中極具觀賞性；而外形上較具觀賞性的植物如田字草、槐葉蘋、榖精草屬、香蒲等；當然也有兼具花朵和外形的種類，如台灣萍蓬草、荇菜屬、冠果草、野薑花等植物。

表9.台灣具觀賞性水生植物一覽表

觀賞類型	沉水植物	浮水性植物	浮葉植物	挺水或濕生植物
賞花	絲葉狸藻 黃花狸藻 水車前草	布袋蓮	小荇菜 龍骨瓣荇菜 荇菜 睡蓮 台灣萍蓬草 冠果草	大安水蓑衣 荷花 水豬母乳 紫蘇草 田蔥 野薑花
全株外形		槐葉蘋 水鱉 大萍	王蓮 台灣萍蓬草 台灣菱 水禾	澤芹 過長沙 半邊蓮 窄葉澤瀉 風車草 單葉鹹草 蒲(大甲藺) 荸薺 田蔥

▲ 王蓮

▲ 日本萍蓬草

▲ 荇菜

▲ 紙莎草

▲ 水竹芋

▲ 野薑花

荷花
Nelumbo nucifera Gaertn.

荷花是人人喜愛的花卉，那紅花在綠葉的襯托下，呈現出豔麗多姿、清新脫俗的樣貌，自古在文人筆下就有許多讚美的詩歌，宋代楊萬里的「接天蓮葉無窮碧，映日荷花別樣紅。」、「小荷才露尖尖角，早有蜻蜓立上頭。」呈現出自然的美感，也給人心靈的薰陶。

▲ 白色重瓣

提到「蓮」、「荷」，常有人問到它們的不同，其實兩個名稱指的都是同一種植物。古代「蓮」指的是它的果實，「荷」則有指葉柄或葉子等不同的說法。荷花的花形大、顏色多，一直是庭園中重要的賞花植物，花色有白、紅、粉紅等顏色，花朵有單瓣、重瓣，花朵全開、半開或花苞配上倒錐狀的蓮蓬、圓圓的綠葉，呈現出不同的韻味，唐代李白就有「碧荷生幽泉，朝日豔且鮮。秋花冒綠水，密葉羅青煙。」這種美麗的意境。

近年來台灣泛起一片休閒農葉的風潮，全台各地以荷花作為號召遊客的生態農園超過一半以上，可見荷花受人們歡迎喜愛的程度古今都相同。

▲ 蓮蓬

▲ 粉紅色花朵

▲ 白色花朵

▲ 荷花

▲ 荷花

▲ 帶粉紅色花朵

睡蓮
Nymphaea sp.

◆

　　「睡蓮」也有一個「蓮」字，但它與「蓮花」不同，卻常有人把「睡蓮」稱呼為「蓮花」。顧名思義「睡蓮」就是指它的葉片平貼在水面，就像睡在水面上一樣，不像荷花(蓮花)的葉片是挺立在空中，所以兩者是不同的。從花的形態來看，睡蓮的花朵也很大型，花瓣數目更多，雌蕊呈杯盤狀；花的顏色更多，有白、紅、粉紅、紫、淡紫、黃、橙等顏色；有白天開花的，也有晚上開花的。一般一朵睡蓮的花，每天開放、閉合，可持續三至四天。

　　在古埃及的建築、雕刻、繪畫中大量出現睡蓮這類植物，埃及人認為睡蓮的花朵在晚上閉合，而在早上開放或重新開放，象徵著生命與重生，

▲ 睡蓮

▲ 紫紅色花朵

▲ 紫紅色系睡蓮

▲ 花萼特殊的品種

▲ 黃色系睡蓮

▲ 黃色系睡蓮

▲ 橙色系睡蓮

▲ 齒狀葉緣

▲ 平滑葉緣

因此一直是埃及神聖的象徵。法國印象派畫家「莫內」以睡蓮的一系列作品，讓睡蓮進入畫中，也進入了人們心靈的深處。

　　全世界的睡蓮大約有四、五十種，然而經過人們雜交產生的品種，已經難以估算。台灣過去有子午蓮(*N. tetragona* Georgi)和藍睡蓮(*N. stellata* Willd.)兩種原生的睡蓮，目前都已經在野外絕跡。現今在各地所看到的睡蓮，都是人為栽植的外來種或雜交種。睡蓮除了在花色的多樣之外，葉形也有許多不同的變化，如齒狀、全緣、波浪狀、有些葉緣會微微上揚、葉背也會有不同的顏色。在休閒生態農業的浪潮中，睡蓮自然與荷花相同，一樣受到人們的喜愛，「睡蓮、蓮、荷」在一般人們的心中，早已不分彼此。

　　齒葉睡蓮是台灣庭園常見的一種，葉片邊緣齒狀，屬於夜間開花的種類，花的顏色以白色為主，也有粉紅色的花朵。一些開藍紫色系列花朵的睡蓮，大都是白天開花的種類，品種有很多，有不同深淺花色的變化。黃色花系的品種也很常見，墨西哥睡蓮是這一類中花型和葉型較小的種類，但走莖繁殖的能力相當強。

▲ 夜間開花的齒葉睡蓮

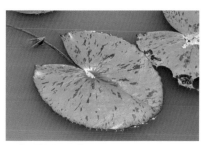

▲ 葉面具斑紋的睡蓮

▲ 墨西哥睡蓮

▲ 睡蓮

台灣萍蓬草
Nuphar shimadai Hayata

　　台灣萍蓬草過去在庭園中並不常見，因為它只分布新竹、桃園少數地區，數量並不多，甚至有一段時間大家並沒有這種植物的相關訊息，直到近年來才被重新發現。由於花型相當別緻，不亞於一般所見的萍蓬草，有「水蓮花」之稱，因而受到許多人的喜愛，廣泛被推廣到庭園中，使得這種稀有植物能獲得更多的庇護；但部分商人大量自野外蒐購的結果，將成為台灣萍蓬草未來消失於野外的一個原因。

▲ 台灣萍蓬草

▲ 台灣萍蓬草生育地

大安水蓑衣

Hygrophila pogonocalyx Hayata

　　第一次看到大安水蓑衣是在1994年的冬天，正值花朵盛開的時期，紫紅色的花朵把一個在冬北季風吹襲的海邊小水塘，染上一縷亮麗的色彩。在春夏百花爭豔的季節，大安水蓑衣則是以那看起來不起眼的綠葉，靜靜的守候在水邊；而在秋冬寒風吹襲之下，水邊一片凋零的景象，大安水蓑衣選擇在這個季節開花，使水邊增添無限的活力。

▲ 大安水蓑衣花朵

　　在水蓑衣屬植物中，大安水蓑衣的花朵算是最大型的，近年來大家栽植這種植物，大多是因為它的稀有性，筆者則認為它是一種可開發的秋冬觀花植物。

▲ 大安水蓑衣

半邊蓮
Lobelia chinensis Lour.

來到水邊常可以看到一片開著
紫紅色小花的野草，看到小小的花
朵，就好像它的名字一樣是一朵
「半邊的蓮花」。左右排成兩排的葉
子，也別有特色。在水邊、濕地或
小水盆的造景上，半邊蓮絕對是一
種值得推薦的植物。

▲ 半邊蓮

▲ 半邊蓮

水杉菜 *Rotala hippuris* Makino
水豬母乳 *Rotala rotundifolia* (Wall. ex Roxb.) Koehne
瓦氏水豬母乳 *Rotala wallichii* (Hook. f.) Koehne

和半邊蓮一樣具有一朵朵小花的野草，當然要來看看水豬母乳家族的一些成員。許多人一聽到「豬母」二字就覺得好笑，不過當他看過它們的花朵，總是驚嘆不已，同樣開著粉紅色的小花，水杉菜、水豬母乳、瓦氏水豬母乳三種植物，給人不同於半邊蓮的感覺，都是適合水邊、濕地生長的野花野草，雖然沒有荷花、睡蓮豔麗的花朵，卻有那可愛迷人的樣貌。此外，這三種植物也是水族箱中廣受歡迎的水草。

▲ 瓦氏水豬母乳

▲ 水杉菜

▲ 水豬母乳

小荇菜 *Nymphoides coreana* (Lev.) Hara
龍骨瓣荇菜 *Nymphoides hydrophylla* (Lour.) O. Kuntze
印度荇菜 *Nymphoides indica* (L.) O. Kuntze
龍潭荇菜 *Nymphoides lungtanensis* Li, Hsieh & Lin

　　常有人把這一群開著小白花的植物當作是睡蓮，只不過它們的花朵比起睡蓮實在是太小號了。荇菜屬植物這幾年來廣泛被栽植，受到許多人的喜愛。除了印度荇菜的葉片較大，長得像睡蓮之外，其餘三個種類的葉片都是小小的，通常在5至10公分左右。較特別的是它們的枝條很長，總是讓人以為是葉柄，真正的葉柄是在枝條的末端，連接葉片的那一小段，大約只有1至2公分，花就從葉柄的基部長出來。

　　從花的長相不難分辨彼此，除龍骨瓣荇菜花冠裂片中間有一豎立的龍骨狀的花瓣構造外，其它三種的花冠裂片上均有或多或少的鬚毛，印度荇菜具

▲ 小荇菜

有最濃密的鬚毛，龍潭莕菜次之，小莕菜最少僅分佈在邊緣和裂片中肋上。

　　要繁殖也不難，只要摘一片帶有一小段枝條及葉柄的葉子，放在水面上，新芽或根就會從中間部位的節處長出來，很快就會長成一大片。

▲ 龍骨瓣莕菜

▲ 印度莕菜

▲ 龍潭莕菜

過長沙

Bacopa monnieri (L.) Wettst.

　　過長沙原本生長在濱海地區的水溝、濕地中，匍匐蔓延在地面上。把它應用在水池景觀上，就如同水邊的一件綠色地毯，又有一些帶點紅色的小白花點綴，一方面美化這個過渡地帶，也可以保護水邊的土壤不致流失。可能是過長沙所具備的野生特性，栽植相當容易。

▲ 過長沙

紫蘇草
Limnophila aromatica (Lam.) Merr.

▲ 紫蘇草

　　石龍尾屬植物大致可以分為兩大類，一類是沉水生長，葉片羽狀深裂輪生，如小花石龍尾、雙連埤石龍尾等植物，由於葉形美觀常成為水族箱中栽植的水草。另一類通常長在水邊或潮濕地方，葉片單葉對生，而且通常有芳香味，如紫蘇草、田香草。紫蘇草具有筒狀紫紅色的花朵，栽植容易，繁殖能力也很強，很快可以長成一片，開花數量又多，因此成為許多人喜歡栽植的植物，種在水盆或水邊，都是很好的選擇。

▲ 紫蘇草

田蔥
Philydrum lanuginosum
Banks & Sol. *ex* Gaertn.

▲ 田蔥

田蔥和鳶尾、唐菖蒲的外形很相似,長長的葉片在基部彼此疊抱在一起。雖然沒有鳶尾、唐菖蒲大形亮麗的花朵,但是黃色的花朵開在花序上,在台灣的水生植物中是少有的,讓台灣濕地的景觀增色不少。它會產生大量的種子,繁殖主要以種子來進行;植株基部也會以營養繁殖的方式,不斷長出新植株來,因此繁殖是相當容易的。倒是野外的數量不斷減少,生育環境的消失是一個重要的因素。

【延伸閱讀】

◆ 李松柏 (2001) 水生植物專區:「蓮」與「荷」,塔山自然實驗室 (http://www.tnl.org.tw)。

◆ 李松柏 (2002) 水生植物專區:荇菜,塔山自然實驗室 (http://www.tnl.org.tw)。

◆ 李松柏 (2003) 水生植物專區:開白花的荇菜屬植物,塔山自然實驗室 (http://www.tnl.org.tw)。

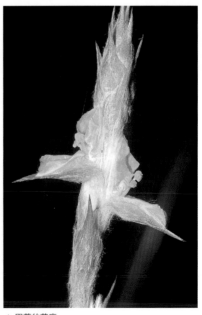

▲ 田蔥的花序

水族箱常用水生植物

　　在家中、辦公室擺放一個水族箱，可能是由於風水、改運、興趣、流行等原因。早期的水族箱以養魚為主，近年來水族造景相當流行，水裡的動物不再是水中的主角，水生植物成為水族箱中重要的題材，各式各樣葉形、葉色的沉水植物，在水中搖曳，宛如水中的綠色森林。

▲水族箱

　　水族界常以「水草」來稱呼水生植物，過去水族箱中的水草主要都是從國外進口，很多種類都不是產自台灣，例如：俗稱小柳、中柳、大柳的水蓑衣屬(*Hygrophila*)植物；澤瀉科齒果澤瀉屬(*Echinodorus*)的皇冠草；莧科蓮子草屬(*Alternanthera*)的血心蘭；水蘿科的網草(*Aponogeton madagascariensis*)；蓴科穗蓴屬

▲網草

▲ 睡蓮　　　　　　　　　▲ 水杉菜　　　　　　　　　▲ 苦草

(*Cabomba*)的菊花草；睡蓮科萍蓬草屬(*Nuphar*)的荷根、睡蓮(*Nymphaea*)等。

　　近年來熱愛台灣本土水生植物的人士越來越多，有學術界、保育人士、水族業者，除了對台灣的水生植物有更深入的了解之外，也把台灣的水生植物推向觀賞和水族等用途，藉由這樣的方式讓大家能對本土的水生植物有更多的認識，同時也保存了一些稀有的水生植物。

　　台灣產的這些水生植物在葉形(表10)和葉子的顏色上都有許多的變化，

表10.水族箱中水生植物葉型一覽表

葉形	短線形	帶狀、長線形	寬帶狀	分叉、羽狀、掌狀	大葉
植物種類	水杉菜 水豬母乳 瓦氏水豬母乳 水王孫 水蘊草 茨藻屬 馬藻	台灣水韭 水蓑衣屬 瘤果簀藻 有尾簀藻 日本簀藻 苦草 小穀精草 牛毛顛	三叉葉星蕨 齒果澤瀉屬 水薤屬	金魚藻 白花穗蓴 黃花狸藻 聚藻 粉綠狐尾藻 烏蘇里聚藻 異葉水蓑衣 石龍尾屬	睡蓮屬 台灣萍蓬草 水車前

因此深受許多水族界的喜愛，例如：短線形葉的水杉菜、水豬母乳、瓦氏水豬母乳等；葉子更寬或更長的水蓑衣、簀藻、苦草、台灣水韭、牛毛氈；呈寬帶狀的三叉葉星蕨；葉子有分叉、分裂的聚藻、石龍尾；葉子呈寬大形狀的水車

▲ 品萍

前、萍蓬草、睡蓮等；另外還有一類植株較小的如短柄花溝繁縷。這些不同葉形的植物，依個人的喜好在水族箱中做適當的造景，再搭配不同顏色的植物，如紅色葉系的小獅子草、水豬母乳、水杉菜、水虎尾等，使一個

▲ 日本簀藻（前）

▲ 石龍尾屬植物

▲ 水竹葉

小小的水族箱呈現豐富而多樣的面貌。

　　然而要讓水生植物，在水族箱中維持漂亮的葉形和葉色需要下一些工夫，有興趣的人可以參考市面上的一些水族相關的書籍或請教水族館業者，花一點時間去經營，自然會有一些成果。一般水族箱需要配置一個二氧化碳鋼瓶，將二氧化碳添加到水族箱中，一方面補充水中二氧化碳濃度的不足，另一方面也可以使水中酸鹼值維持在酸性的環境。其次，一些水草是生長在較中性或偏硬的水質中，如水車前、水蕹衣屬等植物；然而像簀藻、水杉菜、烏蘇里聚藻、紅花穗蓴、異葉石龍尾等植物，則要在硬度較低的水質(俗稱軟水)才能生長良好。

　　光照對水族箱環境是很重要的，在自然環境下太陽光就可足夠供應植物生長所需的光照，但水族箱則完全要以燈光來彌補這項不足。一般水族箱使用的照明設備有日光燈、螢光燈、水銀燈、金屬鹵素燈等。對於綠色系的水草，如石龍尾、苦草、水蕹等，則要選用日光燈或水銀燈當照明燈具；紅色系的水草如水杉菜、小獅子草、日本簀藻等，則要用金屬鹵素燈；如果兩類的水草都有，則應同時使用兩類的燈具，如此植物才能在適當的光譜中良好生長。

　　另外要特別說明的是，水族館中水草的名稱常和我們慣用的植物名稱不同，由於植物沉水之後可能和原來長相有些差異，加上許多國外引進的水草種類眾多，讓許多人頗感困擾，時常不知彼此所說的是哪一種植物，此處特別整理一份對照表供大家參考(表11)，不過表中的名稱在不同的地方還是常有不同的說法，並非絕對。

▲ 水族箱及照燈

表11.常見水草名稱對照表

水草名稱	中名及學名
水芹	水蕨屬 *Ceratopteris*
鐵皇冠	三叉葉星蕨 *Microsorium pteropus* (Blume) Copel
小柳、中柳、大柳、青葉	水蓑衣屬 *Hygrophola*
水羅蘭	異葉水蓑衣 *Hygrophila difformis* (Linn. f.) E. Hossain
血心蘭	蓮子草屬 *Alternanthera*
斯必蘭	光葉水菊 *Gymnocoronis spilanthoides* DC.
菊花草	穗蓴 *Cabomba*
羽毛草	聚藻屬 *Myriophyllum*
百葉草	水虎尾 *Pogostemon stellatus* (Lour.) Kuntze
紅柳、青蝴蝶	水莧菜屬 *Ammannia*
小圓葉	水豬母乳 *Rotala rotundifolia* (Wall. *ex* Roxb.) Koehne
紅松尾	瓦氏水豬母乳 *Rotala wallichii* (Hook. f.) Koehne（南亞）
黃松尾	瓦氏水豬母乳 *Rotala wallichii* (Hook. f.) Koehne（南仁湖）
大香菇	印度莕菜 *Nymphoides indica* (L.) O. Kuntze
香蕉草	*Nymphoides aquatica* (J.F.Gmel.)Kuntze（莕菜屬的一種）
荷根	萍蓬草屬 *Nuphar*
紅色芋	齒葉睡蓮 *Nymphaea lotus* L.（紅花）
大紅葉、小紅莓、葉底紅	水丁香屬 *Ludwigia*
虎耳草、小對葉	過長沙屬 *Bacopa*
寶塔草	石龍尾屬 *Limnophila*
皇冠草、象耳	齒果澤瀉屬 *Echinodorus*
波浪草、浪草	水蕹屬 *Aponogeton*
網草	馬達加斯加水蕹 *Aponogeton madagascariensis* (Mirbel) H. Bruggen
中簣藻	瘤果簣藻 *Blyxa aubertii* Rich.
水蘭、扭蘭	苦草屬 *Vallisneria*
三葉萍	品萍 *Lemna trisulca* L.
蘋果蓮	水金英 *Hydrocleys nymphoides* (Willd.) Buchenau
陽明柳	拂尾藻 *Najas graminea* Del.
艾克草	鳳眼蓮屬(布袋蓮屬) *Eichhornia*
蝦柳	馬藻 *Potamogeton crispus* L.

滅絕或稀有水生植物

　　根據楊遠波教授1987年的文獻記載，台灣的水生植物約有125種，其中稀有或可能滅絕的種類有57種，約佔45.6%的比例；黃朝慶和李松柏在1999年的《台灣珍稀水生植物》一書中，也記載了49種的草本水生植物。可見台灣稀有水生植物的比例相當的高，造成這樣的原因不外乎環境的變遷和人為影響是重要的因素。黃朝慶(2001)就曾提出造成水生植物面臨生存壓力的原因有七項：池塘的消失、外來動物

▲ 被破壞的雙連埤景觀

的危害、外來植物競爭、水田轉耕或永久休耕、溝渠水泥化、除草劑或農藥的毒害、水質污染等。此外，筆者這些年來從事水生植物的研究，也發現例如：演替過程中物種的自然消失、生育環境狹隘(表12)、天然災害造成地貌的改變、土地開發、棲地孤島化、過度採集、地主對保育觀念的排斥等，也是加速水生植物逐漸稀少或消失的重要原因。

▲ 福壽螺是台灣水域的一大殺手

▲ 溝渠水泥化及水質污染

　　其中，演替中物種的自然消失以草埤的蓴、圓葉澤瀉等植物最為典型。而生育環境狹礙所造成的例子就較多，目前台灣至少有27個種類(表12)是因為其分布只侷限在少數地區，因而已經消失或面臨消失的危機，例如：大安水蓑衣、台灣萍蓬草、尼泊爾穀精草等種類。

▲ 桃園石龍尾

▲ 圓葉澤瀉

▲ 台灣水蕹

▲ 澤芹

▲ 瓦氏水豬母乳

▲ 日本菱

▲ 雙連埤石龍尾

▲ 七二水災前的食水嵙溪

▲ 七二水災後的食水嵙溪

　　天然栽害造成地貌重大的改變，以93年七二水災在台中縣新社鄉食水嵙溪為例，大量的水流將河床上的土石完全沖走，露出下面的岩塊，使得原本生長的水生植物完全消失，如果要恢復原來的景觀，可能需要較長的時間。棲地孤島化最明顯的例子就是大安水蓑衣，原本四周茂密的植物是最佳的避護，然而生育地四周被開發後，使得大安水蓑衣完全曝露在海風鹽沫的侵襲，因此造成植株死亡。而台灣萍蓬草、圓葉澤瀉等植物則是在商業或某些因素下，採集過量造成野外數量的減少。雙連埤和台灣萍蓬草的例子，應是因地主對土地利用的觀念造成排斥最典型的例子。雙連

埤原本擁有目前台灣最豐富的水生植物資源，雖然經保育人士的奔走努力，終究難逃被毀於一旦的命運，現在只剩下中間浮島上有一些植物還幸存下來，水中植物則完全消失，何年能恢復不得而知。台灣萍蓬草也有和雙連埤類似的命運，近來地主不斷鏟除池中的植株，或是水族、景觀業者大量收購，已經岌岌可危。

▲ 大安水蓑衣高美生育地四周全被開發

▲ 池邊的大安水蓑衣

台灣萍蓬草 ▲

▲ 台灣萍蓬草生育地（1996年）　　　　　　▲ 台灣萍蓬草生育地（2004年）

【延伸閱讀】
◆ 黃朝慶、李松柏（1999）台灣珍稀水生植物，清水鎮牛罵頭文化協進會。

表12.侷限分布的水生植物

種　　類	科　　別	分　　布
台灣水韭 *Isoetes taiwanensis* DeVol	水韭科	夢幻湖
大安水蓑衣 *Hygrophila pogonocalyx* Hayata	爵床科	台中縣大安、清水、龍井
宜蘭水蓑衣 *Hygrophila sp.*	爵床科	宜蘭地區
南仁山水蓑衣 *Hygrophila sp.*	爵床科	南仁湖
蓴 *Brasenia schreberi* Gmel.	蓴科	宜蘭地區
澤芹 *Sium suave* Walt.	繖形科	台中縣清水
烏蘇里聚藻 *Myriophyllum ussuriense* (Regel.) Maxim.	小二仙草科	桃園地區
探芹草 *Hydrolea zeylanica* (L.) Vahl.	田亞麻科	屏東萬巒
瓦氏水豬母乳 *Rotala wallichii* (Hook. f.) Koehne	千屈菜科	南仁湖

黃花莕菜 *Nymphoides aurantica* (Dalzell) Kuntze	睡菜科	桃園
龍潭莕菜 *Nymphoides lungtanensis* Li, Hsieh & Lin	睡菜科	桃園龍潭
台灣萍蓬草 *Nuphar shimadai* Hayata	睡蓮科	桃園龍潭
箭葉蓼 *Polygonum sagittatum* L.	蓼科	鴛鴦湖
異葉石龍尾 *Limnophila heterophylla* (Roxb.) Benth.	玄參科	高雄美濃、屏東萬金
桃園石龍尾 *Limnophila taoyuanensis* Yang & Yen	玄參科	桃園龍潭、嘉義
雙連埤石龍尾 *Limnophila trichophylla* Komarov	玄參科	宜蘭雙連埤、桃園龍潭
日本菱 *Trapa japonica* Flerov	菱科	宜蘭地區
圓葉澤瀉 *Caldesia grandis* Samuelsh.	澤瀉科	草埤
台灣水蕹 *Aponogeton taiwanensis* Masamune	水蕹科	台中清水
單穗薹 *Carex capillacea* Boott	莎草科	鴛鴦湖
白刺子莞 *Rhynchospora alba* (L.) Vahl.	莎草科	鴛鴦湖
馬來刺子莞 *Rhynchospora malasica* C. B. Clarke	莎草科	雙連埤
尼泊爾穀精草 *Eriocaulon nepalense* Prescott *ex* Bongard	穀精草科	南投蓮華池
水禾 *Hygroryza aristata* (Retz.) Nees *ex* Wight & Arn.	禾本科	宜蘭蘇澳
線葉二藥藻 *Halodule pinifolia* (Miki.) Hartog	角果藻科	屏東
單脈二藥藻 *Halodule uninervis* (Forsk.) Aschers.	角果藻科	屏東
角果藻 *Zannichellia palustris* L.	角果藻科	屏東

濕地木本植物

　　一般談到水生植物時，都把木本植物排除在外；近年來國內的一些書刊，在談論水生植物時，則把水生或濕生的木本植物都納入，本書依一般的慣例，並未將這些木本的水生植物包括在內，對於這些台灣地區經常可以看到的這些木本水、濕生植物，在這裡僅做簡單的介紹，其中也包括所謂的「紅樹林植物」。

　　紅樹林是生長在熱帶至亞熱帶地區海岸潮間帶、河口、三角洲軟泥地區，由木本植物所形成的植物群落。根據文獻記載，台灣的紅樹林均分布於西部海岸基隆至屏東一帶的河口，共有紅樹林植物3科6屬6種。其中基隆和高雄灣的紅樹林在日治時期曾被指定為天然紀念物，以高雄灣一處的紅樹林種類就多達五種。不過在胡敬華1959年針對台灣南部紅樹林的研究中，高雄灣的紅樹林只剩下紅茄苳22株及細蕊紅樹1株；後來高雄港的開發，使得這一個區域的紅樹林全部消失，而紅茄苳(*Bruguiera gymnorrhiza* (L.) Lamk.)和細蕊紅樹(*Ceriops tagal* (Perr.) Robinson)這兩種植物，也從台灣的植物名錄中除名。目前

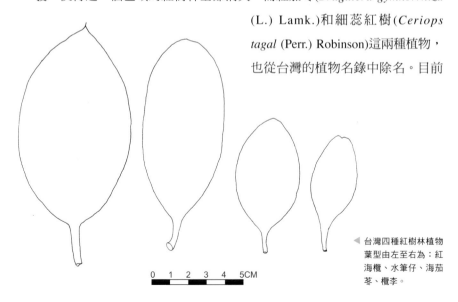

0　1　2　3　4　5CM

◀ 台灣四種紅樹林植物葉型由左至右為：紅海欖、水筆仔、海茄苳、欖李。

台灣的紅樹林僅存4種，分布最北從台北淡水河口，最南至屏東大鵬灣。

　　台灣除了紅樹林植物是生長在濕地之外，還有一些木本植物也生長在潮濕的地方，其中海南草海桐、苦檻藍、水茄苳這些生長在海岸地區的種類，經常被歸類為紅樹林的伴生植物，有些甚至歸類為廣義紅樹林的半紅樹林植物。水柳、水社柳和風箱樹是生長在低海拔濕地的植物，水柳和風箱樹則是堤岸上常見的植物。

▲ 已在台灣滅絕的紅茄苳

▲ 海茄苳

海茄苳
Avicennia marina (Forssk.) Vierh.

◆

海欖科(Avicenniaceae)常綠喬木，葉對生，革質，卵形，長約3-5cm，寬約1.5-3cm，下表面密布白色茸毛。聚繖花序頂生，花萼五裂；花冠橘黃色，四裂；雄蕊四枚，花絲極短。果實橢圓體，略扁。

也有學者將其置於馬鞭草科(Verbenaceae)。分布於非洲東部、印度、馬來西亞、菲律賓、中國、日本及澳洲等地。台灣分布北從新竹紅毛港，南至屏東大鵬灣一帶，南部的紅樹林更以本種為主要的樹種。

▲ 海茄苳植株

海茄苳的種子並無胎生現象。本種具有自地下向空中生長的指狀呼吸根，這些呼吸根是長自地下根，在地面上形成一種奇特的景觀。

▲ 海茄苳果實

▲ 海茄苳的呼吸根

欖李

Lumnitzera racemosa Willd.

　　使君子科(Combretaceae)常綠小喬木，葉互生，肉質，倒卵形，長約5-6cm，寬約1.5-2.5cm，頂端微凹。花序腋生，花瓣5枚，白色；雄蕊10枚；核果長橢圓形，果實不為胎生。

　　本種廣泛分布於非洲、印度、馬來西亞、菲律賓、中國、琉球、太平洋諸島及澳洲等地。台灣目前僅分布於台南曾文溪以南，至高雄永安及旗津一帶，主要生長在河道旁、溝渠邊及鹽田等地方。

▲ 欖李的花朵

▲ 欖李的果實

▲ 欖李

水筆仔

Kandelia obovata Sheue, Liu & Yong

　　紅樹科(Rhizophoraceae)常綠小喬木，葉對生，革質，倒卵形至倒卵狀橢圓形，長約6-12cm，寬約3-5cm，先端鈍圓。聚繖花序腋生，花萼5深裂，裂片線形，開花時兩面均呈白色；花瓣5枚，每枚二裂之後再細裂成7-8條細絲狀；雄蕊多數；花柱細長，與雄蕊等長或略長於雄蕊。果實卵形，1.2-1.5cm長；下胚軸15-20cm長。

▲ 水筆仔植株基部具支持根

　　過去水筆仔屬一直被認為是單種的一個屬，廣泛分布於印度、緬甸、泰國、馬來西亞、印尼、蘇門答臘至婆羅洲，及中國南方廣東、福建、台灣、琉球至日本等地區。最近台灣的學者從族群遺傳及形態等的研究，發現過去所認為的水筆

▲ 水筆仔

仔應該是兩個不同的分類群，從越
南東京灣向北至中國廣東、福建、
台灣、琉球至日本南方這一個區域
的種類，應是一個新的分類群
Kandelia obovata，中名仍使用水筆
仔；而從印度至緬甸、馬來半島、
泰國、蘇門答臘及婆羅洲這個區域
的植物則是過去我們一直使用的學
名*Kandelia candel* (L.) Druce印度水
筆仔這個種。水筆仔和印度水筆仔
在外部形態上最大的區別在於：水
筆仔的葉為倒卵形，萼片在開花後
兩面均呈白色，花瓣二裂後再裂為
更多細絲狀，下胚軸較短(約10-

▲ 水筆仔的果實（部分正要長出下胚軸）

▲ 成熟的水筆仔胎生苗

20cm)；印度水筆仔的葉為長橢圓形，萼片在開花後下表面仍為綠色，花瓣
細裂較少(約3-5條)，下胚軸較長(約20-40cm)。

　　台灣從台北淡水河口、桃園、新竹、苗栗、台中、彰化、嘉義、台南
至高雄沿海，都有水筆仔的分布，其中以淡水河口一帶的水筆仔為目前全
世界最大片的純林。

　　水筆仔最為大家熟悉的就是
「胎生現象」，每年6~7月間開花，
8~10月結成果實，10月份即開始長
出下胚軸，也就是果實在植株上發
芽，由於並未從植株上脫落，因而
稱為「胎生苗」，胎生苗約在翌年的
4~5月間成熟並掉落。

▲ 水筆仔的花朵

紅海欖
Rhizophora stylosa Griff.

　　紅樹科(Rhizophoraceae)常綠喬木，葉對生，革質，卵形，長約8-16cm，寬約4-6cm，先端具一芒尖。聚繖花序腋生，花萼及花冠均四裂，花萼黃色，花瓣具絲狀毛；雄蕊8枚，幾無花絲。果實圓錐狀，下胚軸長約15-20cm。

　　本種最早於1896年由英人Henry根據採於高雄的標本，發表台灣產這種植物，長期以來一直以*Rhizophora mucronata* Lam.為學名，這種植物的花柱極短或無，下胚軸長達50-80cm。其後雖然一直有學者對台灣本種植物提出一些質疑，但都未被重視，直到1999年才被正式提出正

▲ 紅海欖的花朵

▲ 紅海欖的胎生苗

名為*Rhizophora stylosa* Griff.，中名仍使用「五梨跤」或「紅海欖」。紅海欖的花柱較長(約4-6mm)，下胚軸不超過30cm，可與*Rhizophora mucronata*明顯區分。

　　分布於非洲東岸、印度、中國、馬來西亞、菲律賓、爪哇、玻里尼西亞、澳洲等地。台灣主要分布於嘉義、台南、高雄一帶沿海。

　　本種亦有胎生的現象，葉形是台灣四種紅樹林樹種最大的一種。自樹幹及側枝上端會長出許多氣生根，向下生長至地下就成為支柱根，這是本種很明顯的特徵，常在水邊形成特殊的一種景觀。

▲ 紅海欖的果實

▲ 紅海欖（支柱根）

海南草海桐

Scaevola hainanensis Hance

草海桐科(Goodeniaceae)匍匐地面的小灌木,葉成簇生長,肉質。花單生,左右對稱,花冠五裂,淡紫紅色至白色。

分布於中南半島、海南島至台灣。台灣地區只分布於西南沿海雲林、嘉義至台南一帶海邊,數量不多,目前可能只剩下台南馬沙溝一帶少數族群。

▲ 海南草海桐花朵

▲ 海南草海桐

水茄苳
Barringtonia racemosa (L.) Blume. *ex* DC.

玉蕊科(Lecythidaceae)常綠小喬木，高約2-3m。葉倒橢圓狀披針形，大形，長約20-35cm，寬約10-20cm，葉柄很短。總狀花序腋生，下垂；花淡粉紅色，雄蕊數量很多，花絲細長。果實卵狀橢圓形。

▲ 水茄苳

分布於舊世界熱帶地區，台灣僅分布於南北兩端台北、基隆、宜蘭、屏東等地區海岸附近，常發現於堤岸或水溝邊。本種因花序成串下垂的模樣，又稱「穗花棋盤腳」，花朵在夜間開放，藉由夜行性動物來傳粉。

▲ 夜間開花的花序

▲ 水茄苳的果實

苦檻藍
Myoporum bontioides
(Siebold. & Zucc.) A. Gray

▲ 苦檻藍

　　苦檻藍科(Myoporaceae)常綠灌木，葉子叢生在枝條的頂端，倒披針形至橢圓形，肉質的葉片對於生長在海邊的環境有很大的幫助。花期在十二月至一月的冬季，淡紫色，花冠五裂。果實卵狀球形。

　　分布於南中國至日本，台灣分布於苗栗以南海岸地區，常被栽植在田埂上當做防風植物。又稱「甜藍盤」，在藥用上可治療肺病、風濕、解毒，常被連根拔起做為藥用，因此數量不斷減少。

▲ 苦檻藍花朵及果實

▲ 田埂上的苦檻藍

136

風箱樹

Cephalanthus naucleoides DC.

茜草科(Rubiaceae)落葉性灌木，葉對生，橢圓形至卵狀橢圓形，長約8-12cm，寬約3-5cm，革質，先端尖，葉脈明顯。頭狀花序頂生或腋生，花冠長筒狀，白色；花柱細長，伸出花冠外。

分布於南亞和北美，台灣僅北部地區有紀錄，目前只生長在宜蘭地區溝渠旁。由於葉子長得像番石榴，因而有「水拔仔」之稱，過去農人種植為堤岸植物而得以保存下來，近來由於溝渠工程的施作，許多植株因而被鏟除，族群數量已剩不多。

▲ 風箱樹的花序呈球狀

▲ 風箱樹

水柳
Salix warburgii Seemen

楊柳科(Salicaceae)落葉小喬木，外形和習性都和水社柳很相似。本種葉基不為心形，腺體不明顯，可與水社柳區別。

水柳也是台灣特有種，但數量較水社柳明顯多。在平地的田埂，常可見農夫中植為防風樹種；休耕或廢耕的水田，水柳常是最早出現的樹種。這兩種植物都屬於陽性植物，需要生長在陽光較強的地方，在濕生演替的過程中，屬於濕地較早期入侵的先驅樹種；種子上具有毛茸，可藉風力來傳播。

▲ 水柳葉部

▲ 水柳的花序

▲ 水柳的花序具綿毛

▲ 成熟開裂的水柳果實

水社柳
Salix kusanoi (Hayata) C.K.Schneid.

楊柳科(Salicaceae)落葉性小喬木，葉互生，卵形至橢圓狀披針形；葉基心形，具耳垂狀腺體。雌雄異株，冬季落葉，春天來臨時開花，開完花後長新葉。

為台灣特有種，分布於全台平地至低海拔1500m以下潮濕的地方；宜蘭雙連埤有較大的族群，生長在水邊或浮島上。

▲ 水社柳葉部　　　　　　　　　▲ 水社柳

┌─【延伸閱讀】─────────────────────────

◆ Sheue, C. R., H.-Y. Liu & J. W. H. Yong (2003) Kandelia obovata (Rhizophoraceae), a new mangrove species from Eastern Asia. Taxon 52:287-294.

◆ 呂勝由、薛美莉、許再文、陳添財 (1999) 台灣產五梨跤(紅海欖)分類小誌，台灣林業科學 14(3):351-354。

◆ 郭智勇 (1995) 台灣紅樹林自然導遊，大樹。

◆ 許秋容、劉和義、楊遠波 (2003) 紅樹林水筆仔屬(Kandelia)的托葉和葉片之形態，Taiwania 48(4):248-258。

◆ 薛美莉 (1995) 消失中的濕地森林─記台灣的紅樹林，台灣省特有生物研究保育中心。

◆ 陳明義 1999) 台灣海岸濕地植物，行政院農業委員會。

相會篇一

水生植物
地圖

台灣
水生植物
地圖

夢 幻 湖

夢幻湖位於七星山東南坡面，海拔約860公尺。由於地形的效應，使得此處經常雲霧繚繞，如夢似幻，因而被稱為「夢幻湖」；另外，它還有個別稱叫「鴨池」，這是因為過去此湖常有候鳥、野鴨集聚於此的緣故。早期的夢幻湖只不過是個不起眼的山中水池，知道的人並不多。直到民國六十年，台灣大學植物系學生在此發現「台灣水韭」，遂使夢幻湖的聲名大噪。對許多人而言，台灣水韭幾乎已成夢幻湖的代名詞，不過，這裡其實還有不少的水生植物也值得重視。夢幻湖也因而成為陽明山國家公園中，水生植物最豐富、也是最具代表性的地方。

「台灣水韭」之所以特別，在於這類植物原本應屬於溫帶植物，台灣地處亞熱帶，卻有水韭的生長，因此它的特殊性與重要性不言而喻。至於台灣水韭何以獨見於夢幻湖，可由地理與氣候因素加以解釋。主要是受到冬天東北季風的影響，使得此處溫度降得很低，甚至出現下雪情況，正是這種特殊因素，使得台灣水韭能夠在台灣落地生根。在夢幻湖中的台灣水韭，常與「連萼穀精草」混生在一起，而當湖水乾

▲ 夢幻湖

涸之時，二者則都會露出水面。至於台灣水韭是否為夢幻湖的特有種，目前仍存不同意見，且待學術界進一步的研究加以定讞。

至於夢幻湖的其他水生植物，以挺水植物則較多，除連萼穀精草外，還有水毛花、荸薺、針藺等；靠近湖邊潮濕的地方則有秈薹、錢蒲等濕生植物。而生長在夢幻湖的穀精草，向來被鑑定為台灣特有的「七星山穀精草」，不過筆者抱持不同看法，這應該只是「連萼穀精草」因應此處生態環境的不同而發展出的形態差異而已。另外，可愛的小莕菜，則是此處唯一的浮葉植物。由上看來，夢幻湖蘊涵多種生長類型的水生植物，因此是觀察水生植物社會很好的一個地點。

連萼穀精草及台灣水韭混生 ▲

【延伸閱讀】

◆ 張惠珠、徐國士 （1997） 鴨池中的水韭及其伴生植物，中華林學季刊 10(2):138-142。

◆ 黃淑芳、楊國禎 （1991） 夢幻湖傳奇—台灣水韭的一生，陽明山國家公園管理處。

交 通 資 訊

1. 一是登山步道，從陽明山國家公園遊客中心出發，經過七星山公園到夢幻湖。

2. 或者登上七星山主峰，再繞到夢幻湖，如此可以觀察到陽明山國家公園不同的植物景觀。

3. 另一條路線是從陽金公路轉中湖戰備道，在「冷水坑遊客中心」沿著指示就可以輕鬆到達。

★夢幻湖有開放時間限制，所以若想近距離觀賞此地水生植物，必先查詢開放時間，以免只能「遠」觀，無法一親芳澤。

新 山 夢 湖

夢湖位居台北地區東北方、汐止北邊的森林間，是個由山澗溪流積水而成的水塘，面積不大，嚴格來說並不能稱為湖。然由於深藏山林之中，較少受到外界干擾，因此長有不少水生植物。早期欲至此處，須從產業道路外面步行約一小時，才能到達登山口。現今則交通方便不少，車輛已可直接到達登山口，所以訪客大增，也使水生植物的生長受到影響，加上人為過度的整理，如今水生植物的景況已大不如前。

▲ 新山夢湖

夢湖的水生植物，主要集中於入水口一端，荸薺是最優勢的種類。放眼望去，可見一根根荸薺莖稈挺出水面，占據了此區相當大的比例；其他挺水植物則多長在邊緣或淺水之處，如大葉穀精草、黃花狸藻、針藺以及李氏禾等植物。大葉穀精草和黃花狸藻雖然不是夢湖最優勢的水生植物，卻是此地較有

▲ 大葉穀精草

特色的種類。大葉穀精草主要生長在入水口處；而黃花狸藻則是散布在整個水域，不論水深或水淺的地方，都可看到它莖葉深沉水中而黃色花枝挺立水面的景象。

此外，還有稃藎、畦畔莎草、水豬母乳、絲葉狸藻、有尾簀藻等植物，它們則分布於環湖四周的水畔。至於台灣水韭，曾有報導指出此地也有發現，後經查證，原來是民眾把沉水的簀藻誤為台灣水韭，所以不必當真。

交 通 資 訊

想到夢湖，可走台五線，進入汐止後，轉汐萬路；至汐萬路三段時，會有兩座相隔很近的小橋，分別為一號橋及二號橋，從兩座橋間的叉路右轉，進入產業道路，即可到達登山口；再從登山口往上穿越森林，約走15至20分鐘後，視野豁然開朗，眼前聳立的就是新山，而夢湖就在面前。

龍潭埤塘

埤塘廣布是桃園台地一個相當特殊的景觀，早期的先住民初來此地，為了耕種灌溉，開闢了許多埤塘作為蓄水池；後來灌溉的功能雖然逐漸減少，卻也成為水生植物落腳的重要棲息之地。根據輔仁大學陳擎霞教授在1986及1987年，對這些池沼的調查研究，桃園地區大小的水池超過二千個，約有將近18%的水池有水生植物生長，水生植物種類約有59種，而其中最引人注目的還是浮葉的睡蓮科植物「台灣萍蓬草」。

「台灣萍蓬草」自1915年被發現後，各標本館的紀錄僅維持到1933年，之後便失去台灣萍蓬草的蹤跡，直到1986年才又重新被尋獲。依據植物學

▲ 龍潭埤塘

▲ 龍潭埤潭中的台灣萍蓬草

可由龍潭台3線轉桃73線道路(聖亭路)，沿著龍潭到埔心的道路，車行約5K後，進入德龍國小。其附近還存留一些池塘，不過並非每個池塘都有台灣萍蓬草，最好先向桃園農業局詢問後再行前往。

的分類，台灣萍蓬草為台灣的特有種，而且僅分布於桃園、新竹地區，可見其珍稀程度。近年來，桃園縣政府也曾針對有台灣萍蓬草生長的水池進行復育保存的工作，不過這些年來，其數量還是不斷在銳減當中。

┌【延伸閱讀】

◆ 陳擎霞（1986）桃園池沼地區水生植物生態研究(一)，行政院農業委員會生態研究第009號。

◆ 陳擎霞（1987）桃園池沼地區水生植物生態研究(二)，行政院農業委員會生態研究第011號。

蓮花寺

蓮花寺位於新竹縣竹北市山腳地區，是一座奉祀觀世音菩薩的廟宇，至今香火鼎盛。二十年前筆者初往之時，寺廟規模還不大，門口植有一株流蘇。流蘇這種植物，只分布在林口及湖口台地一帶，每逢四月清明前後，滿樹爛放潔白的細小花朵。濛濛細雨中，春風輕拂而過，落花紛飛似雪，也為當地增添一分特殊的景緻。而站在蓮花寺向山下的海邊遠眺，則可望見台灣相當少見的海岸原生林—仙腳石。仙腳石海岸原生林至今仍保持一部分的海岸林林相，和大家熟悉的墾丁香蕉灣海岸林有很大的不同，

▲ 蓮花寺濕地

值得前往。此外，往蓮花寺的上山路旁，有片潮濕坡面，則可以看到長葉茅膏菜這種食蟲植物。

至於水生植物何處尋呢？其實蓮花寺並沒有很明顯的水域，但藉由山壁滲水及山坳中的少量水流，卻也形成了此處特殊的濕地生態，其位置大約是在蓮花寺後方的山坳谷地。濕生植物是此處的主角：開卡蘆是這裡最高大的種類；田蔥、黑珠蒿、毛蕨、大井氏燈心草、毛三稜、水蔥等屬於較中型的植物；地面小型的植物則有大葉穀精草、菲律賓穀精草、短柄半邊蓮、蔥草以及長距挖耳草等。此外，長葉茅膏菜和小毛氈苔等食蟲植物，在此也有相當數量的族群存在。走一趟蓮花寺，必定不虛此行！因為在如此小的範圍內，卻擁有如此多樣的水濕生植物，又有海岸原生林及特別的食蟲植物可供觀賞，令人驚豔！

▲ 蔥草

交 通 資 訊

1. 公車：到蓮花寺可搭新竹客運往竹北山腳的班車，在終點「山腳站」下車；再由山下蓮花寺的牌樓向山上步行數分鐘即可到達。

2. 開車：可走台61線西濱公路，從新竹北上者，在進入鳳鼻隧道前，右轉上山即可到達；南下者則在出鳳鼻隧道時左轉，望見蓮花寺的大型牌樓後，再由此上山，即可到達觀察地點。

香 山 濕 地

香山濕地位於新竹市客雅溪口以南，至海山漁港之間的潮間帶，是個有鳥、有蟹、有水生植物與海風夕陽的著名景點。說到鳥，此地向來就以水鳥聚集而為賞鳥者常駐；至於螃蟹，在沙灘上橫行的種類不下三、四十種，退潮後成千上萬的和尚蟹、招潮蟹萬頭鑽動，令人嘆為觀止。而背山面海，視野遼闊，滿天紅霞，襯著酡紅夕陽，緩緩西沉；接著，當天色黯淡下來，遠方漁火卻霎時鮮明起來，儼如一條深色絨布上綴滿晶黃彩鑽。不妨與朋友一道前往堤岸，觀賞這美不勝收的落日餘暉景色。

▲ 和尚蟹

至於植物，當然是我們關注的焦點。香山濕地在過去曾有過大面積的水筆仔生長，但自從西濱公路開闢，水筆仔的數量便減少很多。至於最特殊的植物景觀，莫過於海灘上的雲林莞草和甘藻。雲林莞草就生長在堤岸旁的沙灘上，為這枯黃色的海灘增添許多綠意，不過，若非西濱公路的興建，今日

▲ 新竹香山

所能見到的數量與面積將更龐大繁
盛。至於甘藻，若您未能蹲身審
視，則將可能與多數人一樣，將這
一大片深綠色的東西，誤為海藻而
錯失會面機會。再靠近一點！你會
發現甘藻一條一條的葉片正躺在沙
灘上日光浴！不要懷疑，你眼前所
見就是目前全台灣數量最多的甘藻
生育地，且是台灣分布最北的紀
錄。同時，要接近她也相當容易，
因為你不須搴裳涉水，只須站在岸
邊即可將她的樣貌盡收眼底。

交 通 資 訊

1. 走台61線西濱公路，於「香山工業區」
出口處停車。

2. 若走新竹省道台1線，則在香山工業區
轉西濱台61線的地方即可到達。而此
處也是觀察雲林莞草和甘藻的絕佳地
點。

青草湖

▲ 青草湖

青草湖位於新竹市東南郊區，早期是個小型水庫，用於儲水灌溉，儘管面積不大，但湖光山色，景色怡人，加上交通便利，名列「竹塹八景」之一，且為台灣旅遊的重要景點。青草湖附近，尚有古奇峰、靈隱寺等名勝，前者擁有聞名全台的超大關公塑像建築，後者則是幽靜的山林古剎，庭園造景素樸有韻致。三者可謂為新竹市觀光景點的代表，遊人絡繹不絕。

昔日青草湖長有許多水生植物，然隨著泥沙的淤積，人為的整治，布袋蓮的蔓延，以致生態變化很大。目前湖面上數量最多的是浮水生長的布袋蓮，同時也夾雜了一些大萍於其間。此外，還長有挺水型或長在淤積區的植物，如開卡蘆、長苞香蒲、香蒲、李氏禾等植物。

交 通 資 訊

1. 走新竹市117號道路，由南大路駛至明湖路底，即可到達。

2. 或走國道3號，從竹市117出口(茄苳交流道)，沿117號道路進新竹市，在煙波飯店轉入即到青草湖。

官田

從白河往南走，即可來到全台菱角最大產地「官田」，素稱「紅菱之鄉」的官田，每至秋收季節，當您驅車官田鄉間道路之間，不難瞥見菱農頭戴斗笠，身坐小舟，採收紅菱的景象。若運氣不錯，說不定還能觀賞到「凌波仙子」—菱角鳥「水雉」的身影，欣賞她那纖纖長足從容漫步水面的優雅丰采。官田臨近還有波光瀲灩、景緻迷人的烏山頭水庫，以及校園建築獨樹一幟、造景如詩如畫的台南藝術學院，都是您在賞菱、採菱之餘，可以順道一遊的佳處。

交 通 資 訊

1. 從白河順著165號縣道往南走，就可以到達官田。

2. 走國道3號可以在官田系統交流道下來，再沿著省台1縣往北走。

3. 走國道1號在新營交流道下來，沿172號縣道接省道台1線，往南可到官田。

4. 或從麻豆交流道下來，循171、176號縣道，即可到官田。

菱田 ▲

高美濕地

▲ 高美燈塔

高美濕地位於大甲溪口南邊和台中港北防波堤之間。十幾年前還是一個沒沒無名的小地方。從遠處即可瞧見紅白相間的「高美燈塔」，此塔早在1966年即已佇立於此，為遠方船隻指引方向；今日雖已卸下這個指引的重任，但仍為高美濕地的重要地標。

▲ 高美濕地

　　近年伴隨大眾對生態環境的重視，使得高美濕地逐漸受到關注，尤其是此處的雲林莞草，可是台灣最大的族群生育地。每當盛夏薰風吹過，海灘上便泛起一波波的綠色草浪，若再搭配夕照與海風，真是一個提供忙碌現代人舒展身心的理想場域。另外，在這片雲林莞草的邊緣，還可以看到香蒲、單葉鹹草、粗根莖莎草等植物，共同接受著潮水的洗禮。退潮時，若由堤岸往海走約200至300公尺，則可看到零星的甘藻，不過數量並不多。

　　若要觀賞聞名的大安水蓑衣，則須從高美濕地的海堤向北走，經過一座小橋，再往前走一段路就可看到立有標示的水池，大安水蓑衣就生長在池邊。大安水蓑衣的花期約在11月，如果探訪的時節相符，則您將可觀賞到她那粉紅色小花綻放水畔、臨風搖曳的窈窕身影，望之令人著迷。

▲ 雲林莞草

【延伸閱讀】

◆ 黃朝慶（1997）潮間帶之綠色長城—雲林莞草，自然保育季刊 20:15-18。

◆ 黃朝慶（1998）大甲溪及大肚溪河口植物生態簡介，自然保育季刊24:30-35。

交　通　資　訊

1. 可由清水三美路或高美路到高美街上，再穿過街市繼續走到高美路底，就可看到高美燈塔佇立眼前，此處即是高美濕地。

2. 或由台61線西濱公路，轉高美路向西走就可到達。

食水嵙溪

從 東勢來到石岡，途中必定會經過一處落差很大，突然上坡的路面，這就是921地震地層錯開的裂縫「車籠埔斷層」。在進入東勢前右轉，沿著山邊上坡即可來到新社。此時，你或許會懷疑山上難道會有水生植物嗎？答案是肯定的，因為食水嵙溪從新社流經石岡後進入大甲溪的過程中，也在新社地區形成極為豐富的水流網路，且水質未受污染，因而造就了水生植物生育的良好棲所。沿路走來，如果看到任何水流，不妨停下來看一看，或許在清澈的流水中，正有一些水草隨著水流擺動柔軟身軀。在這個彷彿是天然水族箱的食水嵙溪中，最容易看到的水生植物要屬小花石龍尾、眼子菜與水蘊草等沉水植物，特別是小花石龍尾，在中部地區以此處最容易觀察到，族群數量也相當多。

交通資訊

由豐原走豐勢路往東勢，在進入東勢前的東勢大橋前右轉129縣道，就可以到達新社鄉；一路上坡直到平緩的路面，穿過市場經過新社國中前，再直走到大南，右轉進入大南社區，可看到一座福德祠，前方即番社嶺橋，從新社國中一直到這一帶的溝渠中，均可看到水生植物。

▲ 食水嗽溪

▲ 小花石龍尾

日 月 潭

▲ 菲律賓穀精草

日月潭又稱「水沙連」，這是起因早期習將竹山、鹿谷、集集、水里、魚池及埔里等地區稱為「沙連」，而日月潭位居此區，故有「水沙連」之稱。日月潭位居台灣地理中心位置，海拔約700公尺左右，是台灣最大的天然湖泊，也是台灣水生植物種類最豐富的地區之一。

根據記載此地原有印度莕菜、芡、子午蓮、鬼菱等大型的浮葉植物，以及南投穀精草、日月潭蘭、桃園蘭、馬來刺子莞、菲律賓穀精草、單葉鹹草、毛軸莎草、葶薴、黑珠蒿、三儉草、水毛花、大井氏水莞、開卡

▲ 日月潭

桃米村

▲ 桃米生態村

埔里鎮的桃米村，位於日月潭往埔里的途中，鄰近暨南大學。桃米村雖曾受過921地震的摧殘，然透過社區的總體營造及重建，運用當地的環境規劃及保存了許多的濕地環境，終於打造出了綠色的原鄉「桃米生態村」，也為當地水生植物找到一條出路。善於利用天然環境特色的「桃米生態村」，透過完善規劃桃米坑溪及其支流中路坑溪、茅埔坑溪的水源以及大大小小的濕地環境，提供了動、植物棲習、生活的空間，讓原本這個區域的的濕地生態體系，能夠在此再展現生機。

▲ 桃米

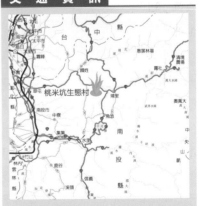

交 通 資 訊

桃米坑生態村

桃米社區可以從日月潭走台21線道，快到暨南大學前約一公里處，在福同橋處左轉即進入桃米社區。

白河

▲ 農人剝蓮子的種皮

由於近年所掀起的一股休閒農業熱潮，大家對水生植物似乎特別青睞，許多農地紛紛改植荷花、睡蓮等水生花卉，以招攬遊客。說到觀賞荷

花，除了大家熟知的台北植物園以及新近崛起的桃園觀音外，全台最大產地與賞蓮重鎮，則非白河莫屬。白河過去以採收蓮子及蓮藕為主，近年配合休閒農業政策的推展，每年夏天舉辦「白河蓮花節」活動，吸引了成千上萬的愛花人士前往，為白河的農業再拓展一條發展的新路徑。

此地荷花有粉紅、淡粉紅以及白色等不同品種；部分農家還種植各式花形和花色的睡蓮，或是培植碩大無比的南美洲王蓮，以號召遊客前來。除了賞花，您也可以到現場一睹當地蓮農快剁蓮子的功夫，由外而內、從果皮、種皮到蓮薏，不消一分鐘的時間，一顆潔白的蓮子立現眼前。不過若想有一番更詩意的賞荷之旅，則避開人潮，不急於往返，挑一個煙雨或清晨時分，或許更能領略詩人李白「攀荷弄其珠，蕩漾不成圓」的意趣。

交 通 資 訊

1. 由1號國道從水上交流道下來走台1線到後壁，轉172甲縣道即可到白河。
2. 或由新營交流道下來，沿著172號縣道就可到白河。

◀ 荷花田

美濃

民風純樸，以及濃濃的客家味，是常人對美濃的印象。走進這個客家小鎮，首先映入眼簾的是精美絕倫的傳統手工藝品「紙油傘」；空氣中瀰漫著的則是芳香四溢的傳統美味──客家「粄條」；此外，鎮上還推出一道全台絕無僅有、風味獨到的佳餚──「野蓮」。而「野蓮」正是美濃最重要的水生植物「龍骨瓣莕菜」的俗稱。

在台灣，有關龍骨瓣莕菜的紀錄可見於1978年出版的《台灣植物誌》第4卷，儘管書中有此種植物的記載，但所引用的標本皆非龍骨瓣莕菜，因

▲ 美濃龍骨瓣莕菜栽植區

▲ 美濃中正湖

此人們對於此種植物，只知其名，不識其面，對於它在台灣的情況也不十分清楚。直到近年，龍骨瓣莕菜才又重現美濃「江湖」，而且是以「野蓮」這種野生蔬菜的身份展現在人們眼前。

　　根據當地農民的說法，此種植物最早長於美濃中正湖，後來由於中正湖水質遭受污染以及湖中布袋蓮的大量生長，導致龍骨瓣莕菜在中正湖中消失；或許是部分種子隨著水流，到了附近的農田發芽生長，農民試行食用，口感不錯，基於食用的經濟價值，被廣泛收集、大量栽植，所以今日我們得以一睹龍骨瓣莕菜的真面目。

　　此外，若您為親近自然而來，那麼黃蝶翠谷也不該錯過，因為此地可是聞名全台的賞蝶絕佳去處。

┌─【延伸閱讀】───────
◆ 林瑞典（2003）稀有水生植物—龍骨瓣莕菜簡介，自然保育季刊 44:24-28。

交 通 資 訊

1. 走國道3號在燕巢系統轉國道10號，直走就可進入美濃，再循著指標就可到達中正湖或美濃客家文化中心。在客家文化中心前這條馬路繼續前行，一段距離後路面變小，路旁池塘中所栽種的正是農民所栽植的龍骨瓣莕菜。

2. 若走台1線或台3線，則可轉第184或184甲縣道進入美濃。

五溝水・萬金

提到「五溝水」，大家也許對這個地名有點陌生，但說起「萬巒」，您一定熟悉多了。屏東萬巒以豬腳遠近馳名，而五溝水正是位於萬巒鄉東北邊的一個村落。由於東港溪在此區域形成了豐富的水系，水質優良，因此成為水生植物的天堂，特別是一些外來的水生植物，就在此落地生根，繁衍大量的族群，例如：粉綠狐尾藻、異葉水蓑衣、白花天胡荽、大萍等植物。原生的種類以小花石龍尾的數量最為龐大，常和異葉水蓑衣或白花天胡荽混生在一起。而稀有的探芹草，自1914年由法國植物採集家佛歐里(U.

▲ 屏東五溝水

▲ 萬金教堂

Fourie)在鄰近的萬金庄採獲之後，
一度被認為絕跡，直到1998年才再
度在五溝水被發現。至於觀察五溝
水水生植物的最佳地點，要屬劉氏
宗祠前方及五溝社區公園旁邊，此
兩處的排水溝，容易接近，觀察水
生植物，相當適宜。

　　順著村內的小路，則可以來到
萬金。您可依循著當年佛歐里的腳
步，親眼目睹台灣最早興建的教堂
——萬金天主堂的丰采，此堂建於
十九世紀後期，具有重要歷史價
值；或者也可仰望教堂背後的名山
——號稱南台灣屏障、海拔3092公
尺的「北大武山」，感覺也不錯。

交 通 資 訊

　　由國道3號在麟洛交流道下來，走省
道台1線到內埔後，走屏107號縣道就可
進入五溝水，順著路走可到達一土地公
廟，隔著一條水溝就是劉氏宗祠。從來到
五溝水的路直走，則可到萬金。

南灣海域・後壁湖

來到台灣渡假聖地墾丁地區，您一定不會錯過到海邊，去享受一下陽光、金沙、白浪的美景。不過到墾丁，除了戲水遊憩之外，或許還可以選擇較知性的角度，探訪這個區域的熱帶植物，如香蕉灣海岸林的棋盤腳、蓮葉桐等海漂植物，以及那匍匐在珊瑚礁岩石上的水芫花；而當退潮時，若沿著南灣岩礁，您還會找到泰來藻和單脈二藥藻這兩種海生單子葉植物。

▲ 南灣

▲ 後壁湖

▲ 泰來藻與單脈二藥藻混生

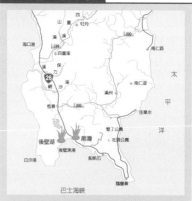

至於同屬南灣海域，而位於南灣對面的海濱則是「後壁湖」。光看名字往往令人聯想到「湖泊」，不過這裡可是道地的海邊。後壁湖的泰來藻和單脈二藥藻族群數量比南灣更龐大，是觀察這兩種植物的好地點。建議您找一個退潮的時刻，好好觀察這些海生水生植物；當然也可靜坐海邊看海，遙望南灣及核二廠，享受一個寧謐愜意的片刻。

1. 由國道1號最底端的小港出來接17號省道，在水底寮接省道台1線至楓港，接26號省道進入恆春半島，即可到達南灣。

2. 由國道3號可在林邊下交流道，轉接台17線及台1線到達南灣。

3. 到後壁湖可由台26線在馬鞍山路口轉入，循著指標來到後壁湖遊艇港，繼續往前走到沒路為止，堤防外的海灘在退潮時就可以看到泰來藻和單脈二藥藻。

南仁湖

位於墾丁國家公園南仁山保護區內的南仁湖，雖然以湖為名，但其實只算是一片沼澤。此區域內原有一些水潭及稻田，但當水田廢耕、出水口被堵塞之後，水潭稻田便逐漸積水形成現今宛如湖泊的模樣。南仁湖四周被熱帶原始森林所圍繞，物種歧異度相當高，植物的種類和生長明顯受到東北季風的影響。

由於位於國家公園保護區的範圍內，因此受到的干擾較少。從南仁湖管制站進入後，沿途不乏稀有植物與此地特有的種類，例如：佐佐木灰

▲ 南仁湖

木、連珠蕨、桃葉珊瑚、恆春楊梅、南仁山天南星等。步行約四公里左右即到達南仁湖區，首先瞥見的是兩個較小的水潭，再往前行，水域越來越寬闊，水生植物也愈加豐富，不論挺水、沉水、浮葉、濕生各類此處皆有所見。

▲ 瓦氏水豬母乳

其中較特別的水生植物，有水毛花，通常分布於海拔三百餘公尺(南仁湖)到二千公尺之間；又有全台僅見於此的瓦氏水豬母乳；還有一種新發現的南仁山水蓑衣，也安然地生長於湖區前面的水潭邊。其他水生植物則有小莕菜、荸薺、鴨舌草、田字草、菲律賓穀精草等，在此地也有相當多的數量。遠道來此，不論沿途或湖區，不妨放慢腳步，俯身凝視，多花一些時間，相信絕對會有特別的收穫。

交 通 資 訊

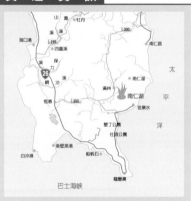

從恆春往滿州的方向，至長樂村後，轉南山路，即可到達南仁湖管制站，步行進入約4.3公里即可到達湖區，大約要花二個小時的時間。南仁湖因屬管制區，若欲前往，事前必須先向墾丁國家公園管理處申請方得進入。

雙 連 埤

福山植物園，是許多人所嚮往的休閒旅遊地點之一，但很多人或許不知道，從宜蘭到福山植物園的途中，還存在著一個廣大的水域——雙連埤。相對於福山，雙連埤的名號並不太響亮，但對於水生植物的愛好者而言，這可是一處水生植物的聖地。早期這裡的遊客並不多，偶爾可見釣客垂釣景象，由於屬於私人土地，且位於水源保護區內，在未受外界干擾的情況下，得以形成一個豐富的水生植物社會，同時，也是許多珍稀水生植物在台灣的最後一個庇護所。

來到雙連埤，最引人注目的自然是沉在水中的「雙連埤石龍尾」和浮葉的「日本菱」，二者是埤中主要植物種類，另外黃花狸藻的數量也不少；

▲ 雙連埤

難得一見的蓴菜在此雖有生長，卻常被雜草所掩蓋。另有一些植物則是長在特殊的「浮島」上。此處所指的「浮島」，從外觀看來彷彿陸地，且有大片雜草叢生；然而當你踏上島去，情況不妙！因為整個浮島草叢只是漂浮水上，並非著地而生，甚至還會移動位置。不過，「浮島」還是值得一探。因為上頭也有水生植物可供觀察，體型較大的如莎草科植物「克拉莎」，高度比人還高，立於遠處即可一眼瞧見；另外還有三儉草、馬來刺子莞、高稈莎草、荸薺、毛蕨、開卡蘆等草澤濕生植物。此外，木本的水社柳在浮島上或岸邊也有很大的族群。岸邊淺水和潮溼的地方，則有田蔥、高稈莎草、黃花狸藻及蓴菜等植物生長。至於後期才進入這個水域的「白花穗蓴」，原產於北美洲的植物，究竟如何進入雙連埤，早已不得而知。

今日的雙連埤，在地主與保育人士的拉鋸過程中，生態景況已大不如前；不過，路經此處不妨留步細看，也許後會無期了吧？當然我們也衷心祈願：有朝一日雙連埤可以回復往日生機。

▲ 雙連埤石龍尾

┌─【延伸閱讀】
◆ 黃朝慶、林春吉（1999）水生植物的天堂—雙連埤，自然保育季刊 27:11-14。

交 通 資 訊

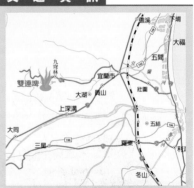

　　由省道台9線進入宜蘭之後，接省道9甲線往員山，或循著福山植物園的指標，即可到達雙連埤。

草埤

從雙連埤繼續往福山方向走，途中還會經過「草埤」。草埤的海拔約850公尺，是「圓葉澤瀉」在台灣唯一的生育地。當1976年圓葉澤瀉在草埤被發現時，根據文獻上的圖片看起來，當時的族群還不算小，

▲草埤

而且此處還有浮葉植物蓴菜的生長。然而筆者在1998年造訪草埤時，整個地區則已呈淤積狀態，圓葉澤瀉植株不超過五株，這一方面是人為採集造成，也是濕生演替到末期必然的結果。但見狹葉泥碳苔在此地不斷生長堆積，形成厚厚的一層草墊，植物只能生長在這上面，蓴菜則早已無法在這種環境下生存。不過這種狹葉泥碳苔所形成的厚草墊，卻是「連萼穀精草」最好的生育環境。值得注意的是，在最早的採集標本和文獻中，都把生長在草埤的穀精草鑑定為「南投穀精草」，但筆者認為這個區域內(包括雙連埤)，應當都沒有南投穀精草的分布才是。

▲ 圓葉澤瀉

【延伸閱讀】

◆ Lai, M. J. (1976) Caldesia parnassifolia (Alismataceae), A neglected monocot in Taiwan. Taiwania 21(2):276-278.

◆ 賴明洲（1976）圓葉澤瀉之生育環境與種內形態變異之研究，中華林學季刊9(4):91-98。

交 通 資 訊

從雙連埤繼續往福山植物園的方向，在將近福山植物園入口處前不遠處，右方的叉路轉入即可到達草埤，不過從產業道路要進入草埤的路徑並不明顯，最好有熟悉的人帶路。

中嶺池・崙埤池

蓴菜自古即是一道美味佳餚，根據《世說新語》與《晉書》記載，「鱸膾蓴羹」可是六朝時代的江南名菜，且背後還有一段張翰「洞燭機先」、「遊子思鄉」的典故呢！不過對於台灣地區的人們而言，品嚐蓴羹可能只能是夢想。因為在早期，台灣只有雙連埤和草埤有蓴菜的生長，而且數量不多；而近年來兩地的蓴菜卻相繼消失，蓴菜在台灣已經面臨滅絕危機！可喜的是，在宜蘭縣大同鄉山區的崙埤池和中嶺池這兩個地方，再度

▲ 中嶺池

發現大量的蓴菜族群，所以我們還有會見蓴菜的機會。

崙埤池海拔800公尺，中嶺池海拔900公尺，兩地相隔不遠，屬於年輕期的水域，因此浮葉植物生長相當茂盛。蓴菜在兩個水域中都佔有最

▲ 崙埤池

大的族群數量，日本菱也不少；挺水的水毛花生長在靠近岸邊一帶水中，連萼穀精草則生長在岸邊潮濕的地方，小葉四葉葎生長的地方則很靠近樹林。這兩個水域的大小、海拔和周邊植被特色，基本上和草埤都很類似，不過草埤已到演替末期，而中嶺池和崙埤池短期內還可以保持豐富的水生環境，未來演替的情況如何，是值得長期追蹤探討的。

交 通 資 訊

從省道台7線在宜蘭大同鄉崙埤村，到崙埤橋後轉產業道路，到登山口後步行進入，即可到達中間的叉路，一邊到中嶺池，另一邊到崙埤池。如果兩個地方都要去則需估算好時間，以免時間太晚，影響下山。又因上山路況不佳，最好能找熟悉路況的人帶路，以免迷路。

┌【延伸閱讀】┐
◆ 林春吉、黃朝慶 (1999) 浮葉性的湖沼植物-蓴菜，自然保育季刊 25:22-25。

鴛 鴦 湖

鴛鴦湖位於雪山山脈的北段,地理位置介於新竹縣尖石鄉與宜蘭縣大同鄉交界處,海拔1670公尺,行政區劃上屬於新竹縣尖石鄉,早期是泰雅族原住民狩獵必經的地區,現今大家熟悉的「司馬庫司古道」,就是原住民從尖石到鴛鴦湖的一條路徑,沿途都是千年的檜木巨樹;現今進出鴛鴦湖,則是取道宜蘭較方便。

若以台灣植物海拔的垂直分布來看,鴛鴦湖自然保護區屬於中海拔霧林帶針闊葉混合林帶,由於受到東北季風帶來豐沛的水氣,使得這個區域終年雲霧飄渺,一般常觀看的「雲海」就是在像這樣的環境中形成。而大家所熟悉的千年巨木「檜木」—台灣特有的「台灣扁柏」和「紅檜」,就是在這種環境中蘊育成長。

1972年林業試驗所在此區進行調查時,發現了一新科紀錄的「黑三稜科」植物「東亞黑三稜」,使得鴛鴦湖受到大家的矚目。黑三稜屬的植物主要分布在溫帶地區,而東亞黑三稜通常分布於日本、中國、印度北部和

鴛鴦湖 ▲

緬甸等地區。至於台灣最早發現東亞黑三稜的紀錄只有鴛鴦湖，而近年在東北部宜蘭山區和東部花蓮的一些湖沼已有更多的分布紀錄，推測是由候鳥攜帶種源傳到台灣。

　　鴛鴦湖的水生植物，主要生長在湖四周較淺的水域，東亞黑三稜和水毛花這兩種挺水植物，在此數量不少，是鴛鴦湖重要的水生植物種類。湖東為沼澤區，白刺子莞有大量的族群，這種植物主要分布在高緯度環極地區的濕原環境，台灣到目前為止，也只有生長在鴛鴦湖這個地方；另外蓼科的箭葉蓼和莎草科的單穗苔，也只有在鴛鴦湖被發現，可見鴛鴦湖水域的獨特性與生態研究的重要性。

▲ 東亞黑三稜

【延伸閱讀】

◆ 王忠魁、柳榗、徐國士、楊遠波（1972）黑三稜科-台灣新發現的一科植物及其伴生之植物，中華林學季刊5(4):1-5。

◆ 柳榗、徐國士（1973）鴛鴦湖自然保護區之生態研究，台灣林業試驗所報告第237號。

◆ 柳榗（1987）鴛鴦湖自然保留區之植物生態研究，周昌弘、彭鏡毅、趙淑妙（編）「台灣植物資源與保育論文集」pp.1-22，中華民國自然生態保育協會。

交 通 資 訊

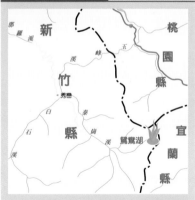

　　由宜蘭走省道台7線，沿北部橫貫公路的方向，接100號林道，約在17公里處即到鴛鴦湖湖區的入口。此處屬自然保留區，進入須先向林務局申請。參加棲蘭森林遊樂區的生態之旅，則僅到100林道12公里處的檜木神木園區。

神 祕 湖

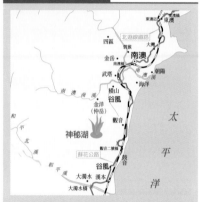
位於宜蘭縣南澳鄉金洋村的神祕湖，海拔約1100公尺，四周原始森林圍繞，基本上屬於樟科及殼斗科植物為主的闊葉林帶。由於地處僻壤，交通不便，人為干擾較少，所以能擁有豐富的動、植物資源，值得一提的是它的特殊湖泊生態，目前已被規劃為「南澳闊葉樹林自然保留區」。

到神祕湖可由宜蘭出發，走台9線往花蓮方向的蘇花公路，在南澳武塔再轉宜57號道路進入金洋村，進入飯包山林道後約10公里的路程，即可到達神祕湖。不過，這條路的路況並不好，最好先向當地人詢問路況，並請熟悉路線的人帶路較妥。

　　這個區域面對太平洋，受海洋的影響較大，為一典型的海洋性氣候，加上東北季風的影響，因而終年雲霧籠罩，更為這個湖泊蒙上一層神祕的面紗。神祕湖或許不如鴛鴦湖知名，但是湖區的水生植物卻是目前台灣最豐富的地方。

　　挺水的東亞黑三稜及水毛花乃是此區主要植物，族群數量並不比鴛鴦湖少。沉水的「微齒眼子菜」則為1987年才發表的新紀錄眼子菜科植物，目前為止也僅見於神祕湖。除此之外，沉水的植物還有絲葉狸藻、金魚藻、小茨藻等種類。至於浮水植物，向來在台灣高海拔水域較不常見，但神祕湖是一個例外，湖中可以看到滿江紅和青萍這兩種浮水生長的植物。若就水生植物的種類及生長方式來看，神祕湖似乎比鴛鴦湖更為豐富而多樣。

┌【延伸閱讀】────────────────────────────────
◆ 林春吉（2000）台灣水生植物－濕地生態導覽，田野影像出版社。

▲ 東亞黑三稜

相知篇一

水生植物
圖鑑

圖鑑小目錄

單子葉植物 Monocotyledons

蕨類植物
Pteridophytes

鹵 蕨 *Acrostichum aureum* L.

特徵： 多年生濕生植物，植株叢生狀。葉大型，高度可以到達1-2m。一回羽狀複葉，小葉長橢圓形，革質。葉脈網狀，網眼中無網狀小脈。孢子囊群生長於葉片頂端的孢子葉上，全面著生。

分布： 分布於熱帶和亞熱帶地區；台灣生長於東部花蓮羅山、台東電光等泥火山地區，及墾丁國家公園佳樂水海岸一帶。

▲ 孢子葉

▲ 植株

▲ 植株

滿江紅科 Azollaceae

滿江紅 *Azolla pinnata* R. Brown

特徵： 多年生漂浮在水面上的植物，植物體約一公分大小，綠色，冬天寒
冷時才會變紅褐色。根莖橫走，長出互生的葉片，向水面下長出許

多鬚根；葉呈鱗片狀排列，
約成三角形；根莖容易斷
裂，能快速行無性繁殖。

分布： 分布於非洲及亞洲地區；台
灣各地的水田、池塘、沼澤
地區零星分布。

▲ 夏季植株

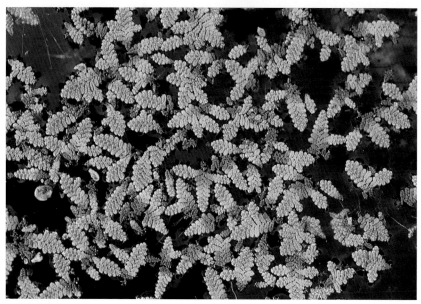

▲ 冬季植株

189

水韮科 Isoetaceae

台灣水韮 *Isoetes taiwanensis* DeVol

特徵： 多年生沉水性植物，水少時葉會露出水面。葉呈針狀，長約10-20cm，叢生於基部的莖上，樣子有如水中的韮菜，故名水韮。葉子的基部扁平，孢子囊果就生長在這個部位，有大孢子囊果和小孢子囊果之分，且分別長在不同的葉子上。

分布： 台灣特有種，只生長於台北陽明山國家公園七星山的夢幻湖。

▲ 挺水植株

▲ 縱切面

▲ 大孢子葉

▲ 小孢子葉

蘋科 Marsileaceae

田字草 *Marsilea minuta* L.

特徵： 多年生浮葉或挺水植物，根莖匍匐
生長於地面，小葉約1.5-2cm長，四
枚排成像「田」字的樣子，夜晚葉
片會摺疊起來，有如睡眠狀。具有
細長的葉柄，在水少的時候，葉柄
可將葉片挺起於空中；水多時，葉
柄則較柔軟，使葉片漂浮於水面。
孢子囊果腋生，在冬天水乾的環境
下形成。因根莖生長迅速，一直被

▲ 孢子囊果

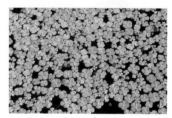
▲ 浮葉生長

農夫視為水田中厭惡的雜草，俗稱「鹽酸仔草」。常被誤認為是酢漿
草，不過酢漿草的小葉三枚，田字草為四枚，可以容易區別。

分布： 分布於熱帶非洲和亞洲，主要生長在水田、田埂、沼澤濕地中。

▲ 挺水植株

水蕨 *Ceratopteris thalictroides* (L.) Brongn.

▲ 不定芽

特徵： 一至多年生挺水或濕生植物，高約10-
50cm。葉兩型，孢子葉一至三回羽狀
裂葉，裂片線形，邊緣呈反捲狀，孢
子囊生於反捲的葉緣中。營養葉一至
二回羽狀裂葉，裂片較孢子葉寬，葉
裂片凹入處常有不定芽。在台灣可以
看到兩種不同生長型，一為植株較矮
小，高度約10-20cm；另一型較高大肥
厚，植株可達50cm高，且植物體具不
定芽。

分布： 泛熱帶分布，台灣各地低海拔地區均
有生長，生長在淺水或潮濕的土壤
中。

▲ 矮小型

▲ 矮小型(營養葉)

▲ 高大型

水龍骨科 Polypodiaceae

三叉葉星蕨 *Microsorium pteropus* (Blume) Copel

特徵： 多年生濕生植物，根莖匍匐生長。單葉或三叉狀，10-30cm長；頂端
裂片寬1-3cm，基部漸狹；葉柄短，翼狀；葉緣全緣，葉脈網狀。孢
子囊群圓形，生長於中肋兩
側與葉緣的中間。

分布： 分布於熱帶亞洲地區，生長
在溪澗石頭或岩石上。

▲ 植株

▲ 生長於岩石上的植株

193

槐葉蘋科 Salviniaceae

人厭槐葉蘋 *Salvinia molesta* D. S. Mitchell

特徵：多年生漂浮水面植物，沒有根，葉三枚輪生，兩枚浮在水面上，另一枚沉在水中呈鬚根狀，浮水葉上有許多突起，每一突起具有一總柄，總柄頂端分成4條分支毛。葉呈兩型，生長初期近於圓形至橢圓形，平貼水面，葉片成平展狀，稱為初生型；生長密集時，葉片較大，略呈褶疊狀，葉片也較大且厚，長約2cm，寬約3cm，葉片成摺合狀，稱為次生型。孢子囊果卵形，從沉水葉基部長出，成串狀，裡面無孢子形成。

分布：原產南美洲，為一雜交種，現已歸化至全世界各地。台灣原為水族引進，近年已大量繁殖，尚未見野生的情況。

▲ 次生型植株

▲ 初生型植株

▲ 孢子囊果

槐葉蘋 *Salvinia natans* (L.) All.

特徵：多年生漂浮水面的植物，沒有根，葉三枚輪生，兩枚浮在水面上，
另一枚沉在水中呈鬚根狀，浮水葉上有許多突起，每一突起具有四
根毛叢生在一起。葉長橢圓形，約1-1.5cm長，寬約0.6-0.7cm。孢子
囊果球形，聚集在沉水葉的基部。

分布：分布於歐洲、亞洲、非洲及北美洲。台灣各地低海拔水田、池塘等
地區均有生長，近年來幾乎在野外消失。

▲ 植株

▲ 孢子囊果

▲ 植株

金星蕨科 Thelypteridaceae

毛蕨 *Cyclosorus interruptus* (Willd.) H. Ito

特徵： 多年生濕生植物，具有長的走莖，植株高約60-100cm。二回羽狀裂葉，頂羽片和側羽片相同，長約5-12cm，鋸齒狀。孢子囊群生長於小脈上，靠近葉緣的地方。

分布： 泛熱帶分布，台灣各地均有分布，生長在低海拔湖沼濕地、廢耕地等潮濕的地方。

▲ 植株

▲ 孢子囊群

雙子葉植物
Dicotyledons

異葉水蓑衣 *Hygrophila difformis* (Linn. f.) E. Hossain

特徵：多年生挺水植物，由於沉水葉和挺水葉的形狀不同，故名「異葉水蓑衣」。葉對生，兩型，沉水葉裂成羽狀；挺水葉則呈橢圓形，長約4cm，寬約2.5cm，鋸齒緣。花紫紅色，唇形，腋生。

分布：原產印度，在台灣是由水族業者所引進，目前在野外已有大量的族群。

▲ 沉水葉

▲ 花

▲ 挺水葉

水蓑衣 *Hygrophila lancea* (Thunb.) Miq.

特徵：一至多年生濕生植物，莖四方形。葉對
生，具白色短毛，披針形至線狀披針
形，長約4-17cm，寬約0.5-0.8cm。花期
在秋季，花腋生，唇形，紫紅色，約1cm
長；花萼五裂，裂片邊緣具白色長毛；
具有一枚長卵形的苞片，苞片長約
0.8cm，伏貼於花朵外側，邊緣及背面具

▲ 花

白色長毛；雄蕊四枚，二長二短。果實長橢圓形，種子略呈扁平
狀。部分書籍記載的「北埔水蓑衣」和「線葉水蓑衣」，筆者認為都
是水蓑衣的變異而已。

分布：分布於東南亞地區，台灣主要生長在中北部低海拔地區的池塘或水
田邊潮濕的地方。

▲ 植株

▲ 植株

大安水蓑衣 *Hygrophila pogonocalyx* Hayata

特徵：多年生濕生植物，莖四方形。葉對生，長橢圓形，長約8-15cm，寬約3-4cm，上下表面密佈粗毛。花期在秋冬季，花紫紅色，唇形，腋生，約2.5cm長；具有一卵形的苞片，伏貼於花朵外側，苞片長約1.2cm，寬約0.5-0.6cm。本種和其它種最大的不同在於葉形大，葉片、花萼、苞片、上均密被許多毛。本種目前有結果和不結果兩個生長類型，除了會不會結果之外，其間的差異仍有待進一步研究。

分布：台灣特有種，目前僅知分布於西部彰化、台中一帶沿海地區，生長在田間、水邊潮濕的地方。

▲ 植株

▲ 花

▲ 苞片

小獅子草 *Hygrophila polysperma* T. Anders.

特徵：多年生沉水或挺水植物，植株高約10-20cm，葉對生，橢圓狀披針形，長約1-2.5cm，光滑無毛，先端鈍。穗狀花序腋生，花紫色或白色；雄蕊四枚，二枚不孕；果實長橢圓形。

分布：分布於亞洲印度至印尼、中國南方，台灣全省各地低海拔溝渠、溪流等地方均有生長。

▲ 花

▲ 果實

▲ 沉水葉

柳葉水蓑衣 *Hygrophila salicifolia* Nees

特徵: 一或多年生濕生植物,全株光滑無毛。葉對生,長披針形,有如柳葉,故名「柳葉水蓑衣」。 葉長約10-12cm,寬約1.5-2cm;開花時期的枝條上,葉片變得較小,長約5-8cm,寬約0.8-1cm。秋冬季節開花,花淡紫紅色,唇形,腋生,長約1.8cm。

分布: 分布於亞洲南部印度至中國、馬來西亞、菲律賓等地區。台灣過去全省均有分布,目前主要分布於南部地區的稻田、沼澤地等潮濕的地方。

▲ 植株

▲ 植株

▲ 開花枝條

▲ 花

202

宜蘭水蓑衣 *Hygrophila sp.*

▲ 花

特徵： 多年生濕生植物，莖方形，無毛，高可
達150cm以上。葉對生，長橢圓形至倒
長卵形，長8-12cm，寬約3-4cm，先端
鈍，基部楔形，上下表面具白色短毛。
花紫紅色，唇形，長約2cm；花萼五
裂，長約1cm，裂片披針形。本種與大
安水蓑衣很相似，但葉質地較薄，葉面
的毛也較短，花萼外無卵形苞片，可與
之區別。而這種花萼外無卵形苞片及花朵的特徵，反而是較接近柳
葉水蓑衣。

分布： 僅知分布於宜蘭地區。

▲ 植株

▲ 植株

南仁山水蓑衣 *Hygrophila sp.*

特徵：一至多年生濕生植物，莖四
方形，葉對生，倒卵形至長
橢圓形，長約1.5-4.5cm，寬
約0.5-1cm，先端鈍，上表面
光滑，下表面及葉緣具白色
短毛。花期在秋季，花腋
生，唇形，紫紅色，約1cm
長；花萼五裂，裂片長披針
形，邊緣及中肋具白色長
毛；具有一枚卵形的苞片，
苞片長約0.6cm，伏貼於花朵
外側；雄蕊四枚，二長二

▲ 植株

短。果實長橢圓形，種子略呈扁平狀。本種與水蓑衣極相似，最大
差別在於葉子的形狀。

分布：目前只發現於屏東縣南仁湖邊潮濕的地方。

▲ 花

204

番杏科 Aizoaceae

海馬齒 *Sesuvium portulacastrum* (L.) L.

特徵： 多年生匍匐性草本植物，莖肉質，多分枝，綠色或紅色。葉肉質，對生，橢圓狀披針形至線狀披針形，1-6cm長。花腋生，花被片五枚，花瓣狀，內側紫紅色，外側綠色，雄蕊多數。

分布： 泛熱帶分布，台灣生長於沿海地區沙灘、魚塭、鹽田等潮濕的地方，漲潮時浸泡在海水中。

▲ 植株

▲ 花

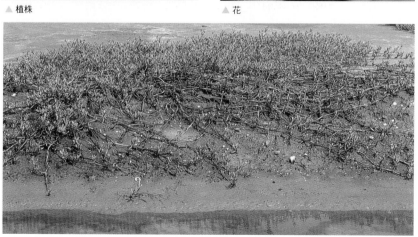
▲ 植株

莧科 Amarnathaceae

長梗滿天星 *Alternanthera philoxeroides* (Moq.) Griseb.

特徵：多年生挺水植物，莖中空，橫臥或斜上，高約10-30cm。葉對生，倒卵狀披針形，2-7cm長，1-2cm寬，幾無柄。穗狀花序腋生，聚集成頭狀，花序直徑約1cm，具有長1-5cm的花梗，花被白色。胞果倒卵形，包於花被片內。

分布：原產於南美洲，目前已歸化於北美、亞洲、澳洲等地區。台灣全島低平地水田、溝渠、池塘常可見到成群生長的族群。

▲ 生長水溝中的族群

▲ 植株

▲ 花

蓴科 Cabombaceae

蓴 *Brasenia schreberi* Gmel.

特徵： 多年生浮葉植物。葉漂浮於水面上，呈橢圓形，長約6-10cm，寬約5cm，葉柄盾狀著生。兩性花，花萼三枚，和花瓣的長相相似，暗紅色；雄蕊多數，約30枚；雌蕊離生，心皮約10枚。果實為聚生果，卵狀橢圓形，長約0.8cm，花柱宿存，呈喙狀；每一個果實之中約有種子1-2個，種子則呈卵形。橢圓形的葉子及幼嫩部位具膠質，是本種明顯的特徵。

分布： 本種為蓴屬唯一的一種，廣泛分布於世界熱帶及溫帶地區。台灣只生長在北部宜蘭山區的少數湖沼中，海拔均在900公尺以下，如中嶺池、崙埤池。

▲ 植株

水馬齒科 Callitricheaceae

水馬齒 *Callitriche palustris* L.

特徵：一年生浮葉植物，葉對生，沉水葉線形，長約1cm，寬約0.1cm；浮水葉聚集頂端成蓮座狀，倒卵形至倒長卵形，先端圓頭，長約1-1.5cm，寬約0.5-0.8cm，一或三出脈。花腋生，單性或兩性，無花被；雄蕊一枚，伸出水面；雌花花柱絲狀，二叉。果實倒卵圓形，邊緣有翼。生長期在春季三至五月之間。

分布：廣泛分布於北半球熱帶及溫帶地區，台灣主要見於水田、溝渠、沼澤、濕地等地區。

▲ 乾季時的植株

▲ 浮水葉及雄蕊

▲ 植株

桔梗科 Campanulaceae

短柄半邊蓮 *Lobelia alsinoides* Lam. ssp. *hancei* (Hara) Lammers

特徵： 一年生濕生植物，莖直立，高約10-20cm。葉互生，橢圓形至披針形，長約0.5-2cm，寬約0.4-0.8cm，鋸齒緣，無柄。花腋生，不整齊，單一，具長梗；花萼五裂；花冠淡紫色，唇形，約0.5-0.8cm。

分布： 中國、日本、琉球、台灣等地區，台灣主要分布於北部和東北部低海拔水田、沼澤等地區。

▲ 植株

▲ 花

半邊蓮 *Lobelia chinensis* Lour.

特徵： 多年生濕生植物，高約10-20cm，莖光滑，具匍匐走莖。葉互生，排成二列，長橢圓形，先端尖，長約1-2cm，寬約0.3-0.5cm，微齒緣，無柄。花腋生，不整齊，單一，花萼五裂；花冠淡紫色，五裂，長約1-1.2cm。

分布： 印度、斯里蘭卡、印尼、日本、台灣等東亞地區。台灣分布於低海拔水田、濕地，數量很多。

▲ 花

▲ 植株

金魚藻科 Ceratothyllaceae

金魚藻 *Ceratophyllum demersum* L.

特徵：多年生沉水植物，植物體從種子發芽到成熟均沒有根，莖細長，多
分枝。葉二叉狀分歧，長約1.5-2cm，葉邊緣具有細小的鋸齒。雌雄
同株，單性，花均開於水中，花被細小，苞片狀；雄花具6-12枚雄
蕊；雌花子房卵形，花柱單一，細長，宿存。果實頂端有一根由花
柱所形成的刺，基部也有二根刺。

分布：全世界廣泛分布，台灣全島低海拔地區溪流、溝渠、池塘、湖泊均
可見。

▲ 植株

▲ 雄花

▲ 果實

五角金魚藻 *Ceratophyllum oryzetorum* V. L. Komarov

特徵：本種外觀與金魚藻幾乎相同，不易區分。最大的差異在於本種果實的特徵，金魚藻的果實有三根刺；本種除了頂刺及兩根基刺外，果實側面尚有兩根刺，共有五根刺。

分布：非洲北部、俄羅斯、中國北方、日本及台灣。生育環境和金魚藻相同。

▲ 雄花

▲ 果實

▲ 果實

▲ 植株

菊科 Compositae

帚馬蘭 *Aster subulatus* Michaux

特徵： 一年生濕生植物，高度可達180cm，植
株光滑無毛。葉互生，長披針形，長
約14-17cm，寬約2.5cm，先端尖，鋸
齒緣，無柄。花期在冬季，花序頂
生，頭狀花序聚集成圓錐狀。頭狀花
序直徑約5-6mm，舌狀花淡紫色，筒
狀花黃色；瘦果具白色冠毛。

分布： 原產北美洲，現已遍佈北半球地區，
台灣低平地廢耕水田、水邊、沼澤等
地方常見。

▲ 植株

▲ 幼株

▲ 頭狀花序

鱧腸 *Eclipta prostrata* L.

特徵：多年生濕生植物，直立或半直立，莖圓形，帶紅色，具白色短毛，摸起來粗糙。葉橢圓狀披針形，長5-14cm，寬1.2-4cm，上表面光滑，下表面具白色短毛，疏鋸齒緣。頭狀花序頂生或腋生，直徑約1cm長，具長梗，舌狀花白色；果實綠色。

分布：分布於全世界溫暖地區；台灣全島平地水田、水邊、溝渠邊很常見。

▲ 植株

▲ 頭狀花序

▲ 果實

光葉水菊 *Gymnocoronis spilanthoides* DC.

特徵：多年生挺水植物，植株高約50-100cm，植株光滑。葉對生，卵狀披針形，長7-12cm，寬2-5cm，鋸齒緣，先端尖。頭狀花序頂生，只有筒狀花，花冠白色。種子細小，沒有冠毛。

分布：原產北美洲；台灣原本由水族業者引進，一般當作庭園造景，近來多種植為蝴蝶蜜源植物。

▲ 植株

▲ 頭狀花序

▲ 植株

翼莖闊苞菊 *Pluchea sagittalis* (Lam.) Cabera

特徵： 一年生濕生植物，植株高可達1m以上，全株有毛，莖部具有由葉向下延伸形成的翼。葉互生，卵狀，長6-12cm，寬2-5cm，先端尖，邊緣鋸齒狀。頭狀花序頂生，直徑約7-8mm，外緣的花白色，中心部分的花帶紫色；頭狀花序在頂端聚集，形成繖房狀的花序。莖部有翼狀構造是本種明顯的特徵。

分布： 原產南美洲，已向北歸化至北美洲。台灣全省各地低海拔稻田、沼澤、濕地、潮濕的地方都可以發現。

▲ 花序

▲ 植株

▲ 植株

▲ 葉下延翼

216

旋花科 Convolvulaceae

空心菜 *Ipomoea aquatica* Forsk.

特徵：一至多年生植物，莖中空，橫躺在水面，節處生根。葉均向空中生長，單一，卵形至卵狀披針形，先端尖，基部心形，長約4-12cm，寬約3-10cm，具長柄。花腋生，花冠白色或紫紅色，漏斗狀，直徑約5-6cm。蒴果球形，直徑約1cm，種子四枚。

分布：舊世界熱帶及亞熱帶地區，目前已歸化至全球其它地區。台灣全島栽培為蔬菜，部分成為野生的族群。

▲ 植株

▲ 白花

▲ 粉紅色花

▲ 果實

蔊菜 *Cardamine flexuosa With.*

特徵： 一年生植物，直立或沉水生長，高約10-15cm。葉互生，羽狀，長約
5-7cm，小葉3-9枚，頂羽片較側羽片大，鈍頭。總狀花序頂生，花
瓣白色，四枚。果實為長角果，扁線形，直立，長約2cm。

分布： 北半球溫帶地區，數量很多，台灣全省各地相當普遍，農田、菜
園、溝渠、沼澤等地區都可發現。

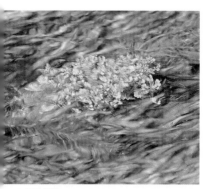

▲ 沉水植株

▲ 花

▲ 植株

豆瓣菜 *Nasturtium officinale* R. Br.

特徵： 多年生挺水植物，高約10-20cm，莖多分枝，半匍匐性。葉互生，羽狀，長約6-12cm，小葉3-11枚，頂小葉較側小葉大，近圓形。總狀花序頂生或腋生，花瓣白色，四枚，有些品種不開花。果實為長角果，長約1-1.8cm。

分布： 原產歐洲地中海一帶、亞洲，目前已歸化至美洲、非洲、澳洲、紐西蘭等地區。台灣從平地至中海拔地區的溪流、溝渠、農田等水中或水邊都可以發現。

▲ 植株

▲ 植株

溝繁縷科 Elatinaceae

短柄花溝繁縷 *Elatine ambigua* Wight

特徵： 一年生小型沉水植物，植物體匍匐生長在淺水的地方，節處生根。
葉對生，卵形至長卵形，長約0.3-1cm，寬約0.2-0.4cm，無柄，在沉
水的情況下葉子會變得較長。花腋生，萼片三枚；花瓣三枚，粉紅
色；無梗。蒴果球形，直徑約0.2cm。

分布： 東亞及南亞地區，目前已歸化至歐洲及美洲地區。台灣常見於稻田
或沼澤地。

▲ 果實

▲ 沉水生長

▲ 溼生生長

芡科 Euryalaceae

芡 *Euryale ferox* Salisb.

特徵：一年生大型的浮葉植物，全身長滿了刺。葉圓形，漂浮在水面上，初生葉基部和睡蓮一樣有缺刻，成熟植株的葉片則無缺刻，葉柄呈盾狀著生；葉片直徑可以到達2-3m，葉片上下表面都長刺。花瓣紫色，子房下位。果實中約有種子70顆，種子直徑約0.7cm長，近圓形，種子中富含澱粉質，長久以來就被拿來當做食物，有「芡米」之稱。

分布：東亞和南亞特產的植物；過去台灣北部和中部都有採集記錄，近年來野生族群都已經消失，僅存人為栽植的植株。

▲ 植株

▲ 葉

▲ 花

▲ 果實

金絲桃科 Guttiferae

地耳草 *Hypericum japonicum* **Thunb.** *ex* **Murray**

特徵：一年生濕生植物，高約10-20cm，莖
方形。葉對生，卵形至橢圓狀卵形，
全緣，先端圓鈍，基部心形，呈抱莖
狀，長約0.5-1cm，寬約0.4-0.6cm，
無柄，一至三出脈。花頂生，直徑約
0.4-0.8cm；花萼五枚，花瓣黃色，雄
蕊多數，子房單一。蒴果卵形。

▲ 花

分布：中國、韓國、日本、琉球、台灣、斯里蘭卡、尼泊爾、澳洲、紐西
蘭。台灣低海拔地區稻田、溝渠、沼澤等潮濕的地方很常見。

▲ 植株

▲ 植株

小二仙草科 Haloragaceae

粉綠狐尾藻 *Myriophyllum aquaticum* (Vell.) Verdc.

特徵： 多年生挺水植物，雌雄異株，本省並無雄性的個體，挺水葉具有白粉。葉4-6枚輪生，羽狀，長約1.7-4cm，寬約0.4-1.2cm，每一枚羽葉約有25-30枚線形的羽片。花期在5-7月，花腋生，具短的花梗，約0.3mm長，基部具有白色長披針形的小苞片；無花瓣，雌蕊柱頭白色，未曾見過果實，以營養繁殖為主。

分布： 原產於南美洲，現今已在全世界各地栽培或歸化。

▲ 植株

▲ 植株

聚藻 *Myriophyllum spicatum* L.

特徵： 多年生沉水植物，莖葉柔軟，葉四枚輪生，羽毛狀，長2.5-3cm。穗狀花序頂生，雄花在花序的頂端，雌花在下端。由於葉片呈細裂狀，外觀與金魚藻相似，所以也有人把聚藻叫做「金魚藻」。

分布： 全世界廣泛分布的植物，在本省的數量也相當多，主要生長在溪流、溝渠、池塘中，在西部濱海地區的野塘中常可見到它的蹤跡。

▲ 花序

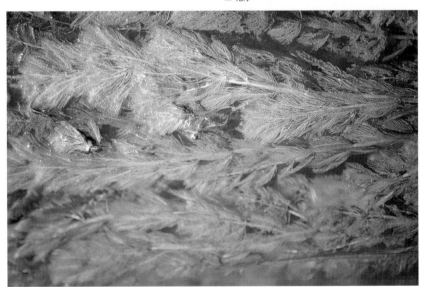

▲ 植株

烏蘇里聚藻 *Myriophyllum ussuriense* (Regel.) Maxim.

特徵：多年生挺水植物；葉輪生，羽狀，長約0.7-1cm。花單性，腋生，花被4枚；雄花在枝條的上部，雄蕊8枚；雌花在枝條的中部(雄花的下端)，壺形，柱頭4，具有許多腺毛，有時可見1-3枚雄蕊。本種羽狀葉裂片的部分較細小，可以和聚藻及粉綠狐尾藻有明顯的區別。

分布：原產於東亞的中國、韓國、日本，台灣是本種植物分布的最南限。本省主要分布於新竹湖口以北、桃園等低海拔地區的池塘中，野外族群極為少見，不過近來已有許多栽培的個體。

▲ 雄花　　　　　　　　　　　　▲ 雌花

田亞麻科 Hydrophyllaceae

探芹草 *Hydrolea zeylanica* (L.) Vahl.

特徵： 一年生挺水或濕生植物，高約30-60cm，莖光滑或具毛，頂端常具腺毛。葉互生，披針形，先端尖，基部楔形，長約2-10cm，寬約0.3-2.5cm。花頂生，花萼五枚，具腺毛；花瓣五枚，藍色。蒴果球形，長約0.4-0.5cm。花期在冬季。

分布： 全世界熱帶地區，台灣僅分布於屏東縣一帶的溝渠或溪流中。

▲ 花

▲ 植株

▲ 果實

唇形科 Labiatae

地筍 *Lycopus lucidus* **Turcz.**

特徵：多年生挺水或濕生植物，高約40-100cm，莖方形，有毛，具走莖。葉對生，橢圓形至長橢圓形，先端尖，基部楔形，長約6-7cm，寬約1.5-3cm，鋸齒緣，上下表面多少有毛，下表面具腺點。花腋生，花冠白色，管狀鐘形，長約0.4cm，約與花萼等長。小堅果倒卵形，長約0.2cm。

分布：中國、滿洲、庫頁島、韓國、日本、台灣等東亞地區。台灣僅分布於台北少數地區，數量不多。

▲ 花

▲ 植株

▲ 植株

水虎尾 *Pogostemon stellatus* (Lour.) Kuntze

特徵： 一年生濕生植物，高約10-60cm，方形。葉3-8枚輪生，線形至披針形，長約1.5-7cm，寬約0.2-1.3cm，先端尖，基部楔形，鋸齒緣，無柄。穗狀花序頂生，長約2-6cm，具有密毛；花萼管狀，具密毛，五裂；花冠淡紫色，四裂。果實扁球形，長約0.4-0.7cm。

分布： 中國、日本、台灣、馬來西亞、印度和澳洲。台灣分部於低海拔地區的稻田或濕地。

▲ 植株

▲ 花序

狸藻科 Lentibulariaceae

黃花狸藻 *Utricularia aurea* Lour.

特徵： 一或多年生沉水植物，無根。匍匐枝圓柱形，長可達1m。葉互生，
多次深裂成細絲狀。捕蟲囊生於葉裂片的側面，具短柄。花序軸直
立，挺出水面，長約5-25cm；花約3-6朵，花梗直立，花後彎曲，長
約0.6-1cm；花冠黃色，唇形，長約1-1.5cm，下唇較大；距長筒狀，
長度約與下唇等長。蒴果球形，直徑約0.5cm。本種與南方狸藻(*U.
australis* R. Br.)很相似，差異在於本種花序軸上無鱗片，南方狸藻花
序軸上具有鱗片。

分布： 東亞、南亞及澳洲。台灣分布於全省低海拔的池塘、湖泊、稻田等
地區。

▲ 花

▲ 植株

▲ 捕蟲囊

挖耳草 *Utricularia bifida* L.

特徵: 一年生小型沉水植物，無根。匍匐枝少數，絲狀。葉由匍匐枝長出，線形至線狀倒披針形，長約1.5-2cm，寬約0.1cm。捕蟲囊長於匍匐枝及葉身上，約0.1cm大小。花序軸直立，長約3-20cm，軸上具少數鱗片。花4-6朵，花萼二裂，長約0.5-0.6cm；花冠黃色，唇形，0.6-1cm長；距長度約與下唇等長，與下唇從不同角度叉開。蒴果廣橢圓形，長約0.3cm。

分布: 南亞、東南亞及澳洲。台灣分布於全省低至中海拔稻田和濕地。

▲ 植株（花序）

▲ 葉

長距挖耳草 *Utricularia caerulea* L.

特徵：一年生小型濕生植物，無根。匍匐枝少數，絲狀。葉由匍匐枝長

出，線形至線狀倒披針形，長
約0.5-1.5cm，寬約0.1-0.2cm。
捕蟲囊長於匍匐枝及葉身上，
約0.1-0.15cm大小。花序軸直
立，長約5-20cm，軸上具多數
鱗片。花2-6朵，花冠紫紅色，
唇形，長約0.4-1.1cm；距較下
唇長。蒴果球形或橢圓形，長
約0.2cm。

分布：南亞、東南亞至澳洲。台灣分
布於北部低海拔地區的濕地。

▲ 花序

▲ 葉

絲葉狸藻 *Utricularia gibba* L.

特徵：一至多年生沉水性小型植物，植物體絲狀，無根。匍匐枝多數，絲狀，細長，可達20cm以上。葉多數，絲狀，長約0.5-1.5cm。捕蟲囊側生於葉身上，約0.1-0.2cm大小，具短柄。花序軸挺出水面，長約8-15cm，纖細；花萼2枚，綠色，卵形，2.5-3mm長；花瓣黃色，唇形，長約0.4-2.5cm；有距，距略長於下唇，方向約與下唇平行；花梗長約0.5-0.6cm。果實近圓形，長約0.3cm。本種花冠的大小變化很大，常被認為是不同的種類。

分布：泛熱帶分布，台灣全島低海拔至中海拔地區的稻田、池塘、湖泊、沼澤等濕地相當常見。

▲ 捕蟲囊

▲ 植株

▲ 花

▲ 果實

千屈菜科 Lythraceae

水莧菜 *Ammannia baccifera* L.

特徵： 一年生濕生植物，直立，多分枝，植株高約15-50cm，莖方形。葉對
生，長橢圓形，長3-6.5cm，寬0.7-1.2cm，先端尖，基部楔形，無葉
柄。花腋生，聚繖花序，花萼四枚，三角形，花瓣無。果實球形，
直徑約2.5mm。本種和其它兩種最大的區別，在於本種葉基不呈耳
狀及無花瓣。

分布： 原產於非洲、亞洲，目前已歸化於美洲地區。台灣在平地水田、潮
濕的地方數量很多。

▲ 花

▲ 果實

植株 ▼

233

多花水莧菜 *Ammannia multiflora* Roxb.

特徵： 一年生濕生植物，直立，植株高約10-50cm，莖四方形。葉對生，長披針形至倒披針形，長約1-5cm，寬約0.3-1cm，基部呈耳狀。花約5-6朵生於葉腋，具有明顯紫紅色的花瓣。蒴果球形，直徑約0.1-0.2cm。

分布： 熱帶及亞熱帶非洲、亞洲、澳洲等地區，台灣平地水田及潮濕的地方很常見。

▲ 幼株

▲ 果實

▲ 花

▲ 植株

小花水莧菜 *Ammannia sp.*

特徵：一年生濕生植物，直立，多分枝，植株高約10-50cm，莖四方形。葉對生，葉的基部呈耳狀，不過小花水莧菜的葉較窄，花數量則數十朵聚集，花瓣很細小。為水田中常見的植物，近年來數量不斷在增加之中，在水田濕地佔有相當的優勢。

分布：台灣平地水田及潮濕的地方很常見。

▲ 花

▲ 植株

▲ 果實

水杉菜 *Rotala hippuris* Makino

特徵：多年生挺水植物，莖紅色。葉5-12枚輪生，線形，長約0.5cm，寬約0.1cm；水上葉綠色，沉水葉帶紅色，沉水葉的數量比水上葉更多。花腋生，1-2朵，粉紅色，花瓣四枚，不到0.1cm長，花期約10至11月。

分布：原為日本的特有種，近年來在本省的桃園地區發現，分布於桃園及與新竹交界一帶的水池中，不過數量相當少。

▲ 植株

▲ 花

印度水豬母乳 *Rotala indica* (Willd.) Koehne

特徵：一年生挺水植物，植物體直立狀，高約10-20cm。葉無柄，對生，橢圓形，長約1cm，寬約0.5cm。花單生於葉腋，花萼筒狀，四裂，帶紅色，約1.5-2mm長；花瓣極細小，粉紅色，橢圓形，四枚，長度不到1mm。果實橢圓形，長約0.2cm。

分布：廣泛分布於南亞和東亞地區，台灣主要生長在淺水的地區，水田或小水溝邊中可以看到。

▲ 植株

▲ 植株

▲ 花

輪生葉豬母乳 *Rotala mexicana* Cham. & Schltd.

特徵： 一年生小型濕生植物，匍匐或半直立狀。葉對生或3-8枚輪生線形或狹披針形，長約0.5-1.5cm，寬約0.1-0.2cm，幾無柄。花腋生，花萼筒狀，紅色；無花瓣。蒴果球形，直徑約0.1cm。本種植株很小，很容易和其它種類區別。

分布： 分布於全世界溫暖的地區，台灣低海拔地區稻田可以發現，但數量不多。

▲ 植株

▲ 植株

水豬母乳 *Rotala rotundifolia* (Wall. *ex* Roxb.) Koehne

特徵： 多年生挺水、沉水或濕生植物，直立或匍匐生長，高可達30cm以上，莖部常呈紅色。葉對生，挺水葉近圓形，長約0.6-2cm，無柄；沉水葉變化大，線形至長橢圓形或長披針形，常呈紅色。穗狀花序頂生，具2-3分枝，花瓣四枚，粉紅色。果實不常見。本種另有兩個類型，一為白花型，另一為淡粉紅花型，此二者皆不沉水，植株以匍匐地面為主，生長的習性與前者常見的粉紅花型完全不同，其間的差異有待進一步釐清。

分布： 亞洲從印度至日本均有分布，台灣低海拔地區稻田、溝渠、水邊等潮濕的地方均可發現。

▲ 植株

▲ 沉水生長

▲ 植株

▲ 花序(粉紅色花型)

瓦氏豬母乳 *Rotala wallichii* (Hook. f.) Koehne

特徵：多年生沉水植物，沉水或挺水生
長。葉輪生，無柄；水上葉三枚，
長卵形至長橢圓形，約0.4-0.7cm
長，0.2-0.3cm寬；沉水葉線形，數
量較水上葉多，0.7-1cm長，約
0.1cm寬。花腋生，粉紅色，每一
葉腋一朵，花瓣四枚，著生於花萼
筒上，與花萼裂片互生，橢圓形
(近於圓形)，長約1.5mm，寬
1mm；雄蕊四枚，插於萼筒上，與
花萼裂片對生；雌蕊四周由一圈不

▲ 花

規則腺體圍繞，柱頭單一，高度與雄蕊高度相同。南仁湖所產的瓦
氏水豬母乳，一直被認為與東南亞所產的不同，其長卵形的挺水葉
三枚，與文獻中所記載的線狀至橢圓形的挺水葉3-12枚，有很大的
不同，因此常被稱為「南仁山節節菜」，但從花部的特徵來看，並無
明顯的差異，其是否為南仁山的新種，需再進一步研究。

分布：分布於東南亞地區，從印度至馬來半島、中國廣東等地區，台灣只
發現於屏東縣南仁湖。

▲ 挺水葉

▲ 沉水葉

睡菜科 Menyanthaceae

小莕菜 *Nymphoides coreana* (Lev.) **Hara**

特徵： 多年生浮葉植物，葉圓卵形，長3-10 cm，寬2-6 cm，葉上表面綠色，下表面紫紅色。花梗1.2-2 cm長，花白色，直徑約0.7-1cm長；花萼0.3-0.4cm長，五裂，裂片披針形；花冠4或5裂，裂片邊緣鬚毛狀，裂片中間亦有一排鬚狀毛；花冠筒喉部黃色；雄蕊4或5枚，插於裂片之間；雌蕊0.2cm長。果實橢圓狀，種子橢圓形，上面具有瘤狀突起。

分布： 分布於東亞從西伯利亞、韓國、日本、中國至台灣本島及蘭嶼。主要生長在水田、池塘、湖泊及沼澤地區，過去相當常見，近年來生育地不斷縮減，其數量也越來越少。

▲ 植株

▲ 花

▲ 葉下表面

▲ 種子

241

龍骨瓣莕菜 *Nymphoides hydrophylla* (Lour.) O. Kuntze

特徵： 多年生浮葉植物，莖細長，長度隨水位而改變。葉浮水，卵形到圓
形，長3-10 cm，寬3-8 cm，上表面具紫色斑塊，基部深裂成心形；
葉柄0.3-0.5 cm長。繖形花序聚集生長在枝條和葉柄的交接處，花梗
3-6 cm長；花萼五裂，披針形，3 mm長；花冠白色，直徑約1cm，
五裂，邊緣全緣，上面中間具一龍骨狀的花瓣突起；喉部黃色，基
部有五個腺體。雄蕊五枚，插於喉部兩裂片之間；雌蕊0.2cm長。果
實卵形，種子褐色，透鏡
狀。

分布： 印度、斯里蘭卡、馬來西
亞、中國南部。台灣只見於
南部地區，目前本省的植株
都來自於高雄美濃。

▲ 花

▲ 植株

242

印度莕菜 *Nymphoides indica* (L.) O. Kuntze

特徵：多年生浮葉植物，莖細長，長度隨水位變化而改變。葉浮水，近圓形，長10-30 cm，基部深裂成心形，葉柄約1 cm長。繖形花序聚集生長在枝條和葉柄的交接處，花梗7.5-9.5 cm長；花萼五裂，披針形；花冠白色，直徑2.5 cm長，五裂，裂片上面密佈白色毛；喉部具黃色腺毛，基部有五個腺體；雄蕊五枚，插於兩裂片之間；雌蕊0.5 cm長，柱頭二裂。果實橢圓狀，種子光滑無任何突起。

分布：東亞及南亞、澳洲、美洲及非洲等熱帶地區。台灣過去全省西部地區均有記錄，生長於水塘、湖泊等地方，目前均為人工栽植。

▲ 植株

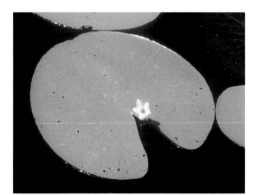
▲ 植株

▲ 葉及花序

▲ 花

龍潭荇菜 *Nymphoides lungtanensis* Li, Hsieh & Lin

特徵：多年生浮葉植物，莖細長，長度隨水位而改變。葉浮水，卵形到卵圓形，長3-10 cm，上表面具紫色斑塊，基部深裂成心形；葉柄長0.5-0.9 cm。繖形花序聚集生長在枝條和葉柄的交接處，花梗3-5 cm長；花萼五裂，披針形；花冠白色，徑0.8cm長，4-5裂，裂片邊緣及上表面密佈長白毛；喉部黃色；雄蕊4或5枚，插於喉部兩裂片之間；雌蕊0.4cm長，柱頭兩裂，不結果。

分布：目前僅知生長於本省桃園龍潭地區的水塘。

▲ 花

▲ 植株

荇菜 *Nymphoides peltatum* (Gmel.) O. Kuntze

特徵： 生長於池塘、湖泊等地區的一至多年生浮葉植物。葉卵形，長3-
5cm，寬3-5cm，上表面綠色，邊緣具紫黑色斑塊，下表面紫色，基
部深裂成心形。花大而明顯，直徑約2.5cm長，花冠黃色，五裂，裂
片邊緣成鬚狀，花冠裂片中間有一明顯Λ的皺痕，裂片口兩側有
毛，裂片基部各有一叢毛，具有五枚腺體；雄蕊五枚，插於裂片之
間，雌蕊柱頭二裂。果實橢圓形，扁平，長1.7 cm，花柱宿存。種子
卵形，扁平狀，0.4cm長，邊緣具有剛毛。

分布： 歐洲、西亞、日本至印度等溫帶至熱帶地區。本省都是人為栽培的
植株，沒有野生的族群。

▲ 花

▲ 葉

▲ 種子

▲ 果實

▲ 幼苗

蓮科 Nelumbonaceae

荷花 *Nelumbo nucifera* Gaertn.

特徵： 多年生挺水植物，具有白色的乳汁；地下莖橫走土中，俗稱「蓮藕」。葉初生期浮水，成熟期挺出水面，葉盾形；葉柄位於葉片的中央，葉柄長約1-2m，具短刺。花單一，大型，粉紅、白等顏色。花朵中央的部位是花托，倒圓錐形，一般稱為蓮蓬；雄蕊多數。蓮子是果實和種子的總稱，稱為小堅果，呈橢圓形，位於花托上凹入的地方。蓮子去殼之後即種子，種皮較薄，帶棕色，我們吃的「蓮子」是已經除去種皮和胚的「子葉」，顏色呈白色。

分布： 亞洲和澳洲，目前被大量種植，台灣南部有較大面積的栽種，其餘各地均零星種植。

▲ 植株

▲ 蓮蓬

▲ 成熟果實及蓮蓬

246

睡蓮科 Nymphaeaceae

台灣萍蓬草 *Nuphar shimadai* Hayata

特徵： 多年生浮葉植物，植株以浮水葉為主，僅在水中有少許的沉水葉。沉水葉較小且薄，邊緣呈波浪狀；浮水葉近於圓形，長約10-12cm，寬約7-10cm，下表面具有許多短毛。花萼五枚，花瓣狀，長約1.6cm，寬約0.8-1.2cm；花瓣10枚，線形，黃色，狀似雄蕊，約0.5-0.6cm長；雄蕊約30枚，黃色；柱頭在頂端平展成盤狀，6-10裂，紅色。果實壺形，約2cm長，1.5cm寬。種子卵形，草綠色，有如小形的綠豆，長約0.3-0.4cm。本種近於圓形的浮水葉，及紅色的柱頭，可以和其它種類的萍蓬草明顯區別。

分布： 台灣特有種，主要分布於桃園及新竹地區的池塘中，目前全省各地已有許多人為栽培的植株。

▲ 植株

▲ 花

▲ 沉水葉

▲ 果實

齒葉睡蓮 *Nymphaea lotus* L.

特徵： 多年生浮葉植物，具地下塊莖，可行營養繁殖。沉水葉三角形至長
箭形；浮水葉圓形，直徑約20-50cm，鋸齒緣，基部深裂；葉柄長可
達150cm以上。花大型，直徑約15-25cm，傍晚至隔日早晨開放，其
餘時間閉合，約維持開花2-3日；萼片四枚，綠色，長橢圓形；花瓣
約20枚，白色或淡粉紅色，長橢圓形；雄蕊多數，黃色；雌蕊心皮
約30枚，聚集成漏斗狀。果實大形，球狀，直徑約6-9cm；種子數量
非常多，具有白色假種皮，有毛。

分布： 原產非洲、匈牙利、印度、泰國、緬甸、菲律賓等地區。現已被廣
泛栽植為庭園觀賞植物。

▲ 植株

▲ 果實

▲ 花

▲ 種子

柳葉菜科 Onagraceae

白花水龍 *Ludwigia adscendens* (L.) Hara

特徵： 多年生浮葉或挺水植物，莖匍匐水面或部分枝條挺伸出水面，匍匐莖
上常具向上生長的白色呼吸根。葉互生，橢圓形，先端鈍或圓，長約
3-7cm，寬約1.5-4cm。花腋生，單一，子房下位，花瓣五枚，白色，
倒卵形，基部黃色，雄蕊10枚。蒴果圓柱狀，長約1.2-3.5cm。

分布： 喜馬拉雅山區、印度至中國、馬來西亞、台灣及澳洲。台灣主要分布
於台南以南
及東部花蓮
等低海拔地
區的溪流、
水田、湖沼
濕地。

▲ 花

▲ 呼吸根

▲ 植株

方果水丁香 *Ludwigia decurrens* Walt.

特徵：一年生大型濕生植物，高可達2m，植株光滑；多分枝，莖3-4稜，由
葉的基部向下延伸至莖部形成翼狀。葉互生，披針形，先端銳尖，
長約5-10cm，寬約1-1.8cm。花腋生，子房下位，花瓣四枚，黃色，
長約0.8-1.2cm。蒴果略呈方形，長約1-2.5cm。本種花的大小與水丁
香相似，但全株無毛，莖部有翼等特徵容易與水丁香區別。

分布：原產熱帶美洲，歸化台灣約有10年的時間，目前已在全省低海拔水
田、潮濕的地方普遍生長。

▲ 花

▲ 果實

▲ 植株

細葉水丁香 *Ludwigia hyssopifolia* (G. Don) Exell

特徵：一年生濕生植物，高約30-150cm，植株近光滑無毛，莖方形，基部常呈木質化。葉互生，披針形，長約5.5-7.5cm，寬約1.5-2.3cm，先端銳尖，中肋微凸。花腋生，子房下位，花萼四枚，三角形，0.3-0.4cm長；花瓣四枚，黃色，約0.2-0.5cm長；雄蕊8枚。蒴果極細，長約1.5-2cm。本種在水田附近很常見，全株近乎光滑，花朵細小等特徵，很容易辨認。

分布：泛熱帶分布，台灣常見於低海拔水田、溝渠旁、沼澤濕地等地區。

▲ 植株

▲ 植株

▲ 花和果實

水丁香 *Ludwigia octovalvis* (Jacq.) Raven

特徵： 一年生濕生植物，高約60-150cm，或更高可達4m，全株被毛，莖常木質化。葉互生，長披針形至近卵形，先端尖，長約5-10cm，寬約1-2cm。花腋生，子房下位，花萼四枚，宿存；花瓣四枚，黃色，長約1cm。蒴果圓柱狀，紅褐色，長約2-6cm。本種全株被毛，及大型的花朵，是容易辨識的特徵。

分布： 全世界熱帶和亞熱帶地區，台灣常見於低海拔水田、溝渠旁、沼澤濕地等地區。常與細葉水丁香伴隨出現。

▲ 花

▲ 植株

▲ 果實

台灣水龍 *Ludwigia x taiwanensis* Peng

▲ 花

特徵：本種的外形特徵幾乎與白花水龍相同，如果
不開花，實在不容易區分。其不同在於台灣
水龍是二倍體的水龍(*Ludwigia peploides*
(Kunth) Raven ssp. *stipulacea* (Ohwi) Raven)
和同屬四倍體的白花水龍(*Ludwigia adscen-
dens* (L.) Hara)天然雜交所產生的三倍體後
代，為不孕性，無法結實。但藉旺盛的營養
繁殖，常在水面上形成一大片的族群，並散
佈到本省低海拔各地的池塘、溝渠、河流沿
岸、沼澤濕地和水田中，不過近年來族群逐
漸萎縮之中，已不如往昔的數量了。

分布：中國、越南及台灣。台灣常見於低海拔池
塘、溝渠、溪流、水田、沼澤等地區。

▲ 呼吸根

▲ 植株

毛蓼 *Polygonum barbatum* L.

特徵： 多年生挺水或濕生植物，高可達120cm，全
株密被短毛。葉披針形，先端尖，基部楔
形，長約9-14cm，寬約1.7-2.5cm，葉柄長約
1cm。托葉鞘管狀，頂端具緣毛，緣毛長度
約與托葉鞘等長。花序頂生，多分枝，花被
白色，苞片頂端纖毛狀。托葉鞘頂端具有與
托葉鞘等長的緣毛，是本種重要的特徵。

▲ 托葉鞘

分布： 熱帶非洲、印度、喜馬拉雅山、中國、馬來西亞、台灣、日本及澳
洲。台灣分布於全省低海拔溝渠、湖沼等水邊。

▲ 植株

▲ 花序

宜蘭蓼 *Polygonum foliosum* Lindb.

特徵：一至多年生濕生植物，植株匍匐地面，高約10-20cm，莖光滑，節上
具稀疏逆刺。葉近無柄，長披針形，長約2-5cm，寬約0.5cm，先端
尖，基部箭形。托葉鞘管狀，長約0.3-0.5cm，頂端截形，具緣毛。
花序頂生，花朵排列稀疏，花被粉紅色。

分布：東亞及歐洲地區；台灣主要分布於北部山區的湖沼濕地，如草埤、
崙埤池、中嶺池、松蘿湖、翠峰湖等地區。

▲ 植株

▲ 花序

紅辣蓼 *Polygonum glabrum* Willd.

特徵： 一年生濕生植物，高可達100cm以上，植株光滑無毛，節處常膨大。
葉披針形至長橢圓狀披針形，先端漸尖，基部楔形，長7-20cm，寬
1.5-4cm，兩面無毛，具腺點，葉柄長約1-1.5cm。托葉鞘管狀，長約
2-3cm，頂端截形，無緣毛。花序頂生，花被白色或粉紅色，苞片不
具緣毛。本種植株高大，全株光滑，葉具腺點，托葉鞘及花部苞片
不具緣毛，與其它種類明顯不同。

分布： 熱帶和亞熱帶非洲、亞洲及美洲地區；台灣常見於水田、溝渠、溪
流、沼澤等有水的地方。

▲ 植株

▲ 花

▲ 花序

長箭葉蓼 *Polygonum hastatosagittatum* Makino

特徵：一年生直立或半直立挺水或濕生植
物，高30-80cm，莖具稀疏逆刺。葉長
橢圓形，先端尖，基部心形，長3-
7cm，寬1-2.5cm葉光滑或具稀疏簇
毛，下表面中肋具逆刺。托葉鞘管
狀，頂端截形，具緣毛。花序頂生，
聚集成頭狀，花被粉紅色。

分布：西伯利亞、中國、韓國、日本、台灣
等亞洲地區。台灣主要分布於中北部
低海拔地區溝渠或潮濕的地方。

▲ 植株

蠶繭草 *Polygonum japonicum* Meisn.

特徵：一年生濕生植物，高可達100cm，莖光滑，節處常膨大。葉長披針
形，先端尖，基部楔形至鈍，長約7-15cm，寬約1-2cm，上下表面被
稀疏短毛，中肋及葉緣毛較密，葉柄
集短。托葉鞘管狀，長約1.5-2cm，頂
端截形，具緣毛。花序頂生，長約6-
12cm，花序頂端微彎曲，花被白色，
苞片具緣毛。近乎無柄的長披針形葉
片、白色彎曲的花序，是本種與其它
種明顯不同的特徵。

分布：中國、韓國、日本、琉球和台灣等東
亞溫帶及亞熱帶地區。台灣分布於全
省低海拔水田、溝渠等潮濕的水邊。

▲ 植株

白苦杜 *Polygonum lanata* (Roxb.) Tzvelev

特徵：一年生濕生植物，高可達150cm，全株密被白色棉毛。葉長披針形，先端漸尖，基部楔形，長約10-17cm，寬約1.5-2.5cm，上表面白色或綠白色，下表面白色，葉柄約1-1.5cm長。托葉鞘管狀，約2.5cm長，頂端截形，不具緣毛。花序頂生，多分枝，花被綠白色。本種全株密被白色棉毛，是一項明顯容易辨識的特徵。

分布：印度、不丹、中國、緬甸、馬來西亞、台灣等熱帶和亞熱帶地區。台灣分布於低海拔溝渠、稻田、湖沼等水邊。

▲ 植株

睫穗蓼 *Polygonum longisetum* De Bruyn

特徵：一年生濕生植物，直立或斜上，植株高約20-60cm，節處生根。葉互生，幾無柄，披針形至橢圓狀披針形，長約4-10cm，寬約0.5-2cm，先端尖，基部楔形，上下表面具有稀疏短毛。托葉鞘筒狀，長約0.7-1cm，頂端截形，具緣毛。花序頂生，約3-5cm長，花粉紅色或白色，苞片頂端纖毛狀。

分布：分部東亞喜馬拉雅山、印度、馬來西亞、印尼、緬甸、中國、韓國、日本等地區。台灣常見於低海拔水田、濕地。

▲ 植株

早苗蓼 *Polygonum lapathifolium* L.

特徵：一年生濕生植物，高可達150cm。莖綠
色，具有許多紅色斑點，光滑無毛，節
處膨大。葉互生，披針形至卵狀披針
形，長約8-25cm，寬約2-6cm，先端漸
尖，基部楔形，下表面具有明顯的腺
點，中肋具短毛；葉柄長約1-2cm，具
短毛。托葉鞘筒狀，長約2-3cm，膜
質，無毛，具有數條明顯脈紋，頂端截
形。花序頂生，花被白色，四或五裂，具短梗。

▲ 托葉鞘

分布：歐洲、中國、韓國、日本、菲律賓、印度等北半球溫帶至熱帶地
區；台灣常見於低海拔水田、溝渠等潮濕或有水的地方。

▲ 植株

▲ 花序

紅蓼 *Polygonum orientale* L.

特徵：一年生濕生植物，全株密被白色絨毛，植株高可達180cm，莖綠色。葉卵形至長卵形，先端尖，基部心形，中肋常帶紅色；具長柄，長約3-10cm，帶紅色。托葉鞘管狀，頂端擴展成葉狀。花序頂生，花被粉紅色，苞片頂端纖毛狀。

分布：歐洲、中國、日本、馬來西亞、印度、爪哇及澳洲等地區。台灣常見於低海拔荒廢地、溝渠、水田等潮濕的地方。

▲ 托葉鞘

▲ 植株

▲ 花序

細葉雀翹 *Polygonum praetermissum* Hook. f.

特徵：一年生匍匐地面或半直立的濕生植物，高15-50cm，莖節具逆刺。葉長橢圓狀披針形，先端尖，基部箭形，長約3-8cm，寬約0.6-1.2cm，葉柄約0.5-1cm長。托葉鞘管狀，先端斜截形，長約1-1.5cm。花序頂生，花被白色，先端帶粉紅色。

分布：中國、韓國、日本、琉球、台灣、菲律賓、印度及澳洲。台灣分布於低海拔山區的沼澤、濕地。

▲ 莖

▲ 花序

▲ 植株

盤腺蓼 *Polygonum micranthum* Meisn.

特徵： 一至多年生濕生植物，高約
20-50cm，植株光滑。葉長披
針形，長約3-6cm，寬約0.5-
1cm，先端尖，基部楔形至
圓鈍形，無柄或幾無柄。托
葉鞘管狀，長約1cm，頂端
截形，具短緣毛。花序頂
生，約2-3cm；花被粉紅色；苞片頂端具緣毛。

▲ 植株

分布： 喜馬拉雅山、印度、緬甸、泰國、馬來西亞、中國、日本、琉球、
台灣等地。台灣分布於全省低海拔溝渠、水田、沼澤等潮濕地方。

箭葉蓼 *Polygonum sagittatum* L.

▲ 花序

特徵： 一年生直立或半直立濕生植物，高
約50-100cm，莖方形，具逆刺。葉
長橢圓狀披針形，先端尖，基部箭
形，長3-5cm，寬約0.8-1cm，光
滑，下表面中肋具逆刺；葉柄長
0.5-1.5cm，具逆刺。托葉鞘管狀，
先端歪斜，頂端呈漸尖狀。花序頂
生，聚集成頭狀，花朵數目不多，
花被白色。

分布： 西伯利亞、中國、韓國、日本、台
灣、印度及北美洲地區。台灣僅分
布於鴛鴦湖邊潮濕的沼澤中。

▲ 植株

毛茛科 Rannuculaceae

石龍芮 *Ranunculus sceleratus* L.

特徵： 一年生挺水或濕生植物，植株光滑，高約15-50cm。葉兩型，基生葉挺水或浮在水面，長約1-5cm，寬約2-10cm三裂，葉柄長約3-9cm；莖生葉較小，裂片較深，裂片寬度較窄，近乎無柄。花頂生或腋生，花梗長約0.5-2.5cm；花瓣黃色，五枚；雄蕊多數；雌蕊多數，聚集成頭狀。瘦果扁卵形，長約0.8-1mm。

分布： 廣泛分布於全世界亞熱帶及溫帶地區，台灣常見於低海拔水田、溝渠旁及沼澤等潮濕有水的地方。

▲ 植株

▲ 花

▲ 植株

水辣菜 *Ranunculus cantoniensis* DC.

特徵：多年生濕生植物，全株被粗毛，高約15-70cm。葉單型，單葉或三出，鋸齒緣。花頂生，花瓣黃色，五枚；雄蕊多數；雌蕊多數，聚集成頭狀。瘦果扁卵形，長約0.3-0.5cm。本種和石龍芮最大的區別，在於植物體具有明顯的粗毛。

分布：中國、韓國、日本、台灣、越南、印度。台灣主要分布於2500m以下潮生的地方，如溪流邊、林緣、水田邊等潮濕的地方。

▲ 花

▲ 果實

▲ 植株

茜草科 Rubiaceae

小牙草 *Dentella repens* (L.) Forest.

特徵： 多年生匍匐性小型濕生植物，全
株具細毛，莖多分枝。葉對生，
有點肉質，橢圓形至倒長橢圓狀
倒卵形，先端尖，基部楔形，長
約0.5-1cm，寬約0.3-0.4cm，葉
柄短。花腋生，單一，花冠黃白

▲ 植株

色，漏斗形，直徑約0.7cm，五裂。果實綠色。

分布： 東南亞、澳洲。台灣主要分布於低海拔地區光線充足的水邊。

小葉四葉葎 *Galium trifidum* L.

特徵： 一年生濕生植物，植株近光滑無毛，莖
匍臥狀，細小，方形。葉無柄，四葉輪
生，倒披針形，4-9mm長，1-3mm寬，先
端圓或鈍形，主脈一。聚繖花序頂生或
腋生；花小形，白色，直徑約1-1.5mm
長，花冠輪狀，裂片3或4枚。果實為雙
果，光滑無毛。

▲ 植株

分布： 分布於中國、日本、歐洲、
北美。台灣發現於鴛鴦湖、
神祕湖、明池、崙埤池、中
嶺池等山區潮濕的地方。

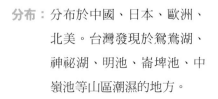

▲ 果實

▲ 花

265

三白草科 Saururaceae

蕺菜 *Houttuynia cordata* Thunb.

特徵： 多年生濕生植物，全株具魚腥味，具有地下
走莖。葉互生，寬卵形，先端尖，基部心
形，長約3-7cm，寬約3-6cm；葉柄長約1-
5cm。穗狀花序頂生或腋生，1.5-3cm長；苞
片四枚，白色，花瓣狀；無花瓣，僅具雌雄
蕊，雄蕊三枚，雌蕊單一。本種寬卵形的葉
子，以及魚腥的味道是極易辨識的特徵。

分布： 中國、爪哇、台灣、日本。台灣全島各地低
海拔地區的田邊、水邊均可發現。

▲ 植株

▲ 花序

三白草 *Saururus chinensis* (Lour.) Baill.

特徵： 多年生濕生植物，
高可達1m以上，
具地下走莖。葉互
生，卵形，先端
尖，基部心形，長

▲ 植株

約6-15cm，寬約3-8cm，葉柄長約1-2.5cm。
總狀花序腋生，長約5-12cm；無花瓣，雄蕊
6-7枚，雌蕊一枚；花序頂端常微彎。

分布： 中國、韓國、日本、琉球、台灣、菲律賓、越南、印度。台灣北部
地區有野生族群，其餘各地大都是人為栽種。

▲ 花序

玄參科 Scrophulariaceae

過長沙 *Bacopa monnieri* (L.) Wettst.

特徵： 多年生濕生植物，植株匍匐地面，光滑無毛。葉肉質，對生，倒卵形，長1.5-1.8cm，寬0.7-0.8cm，鋸齒緣，先端圓或鈍。花腋生，具長梗，長2-3cm；萼片三枚，卵形，長0.8cm，寬0.3-0.4cm；萼片外具二枚苞片，披針形，2-5mm長；萼片內側具二枚苞片，披針形，5mm長；花白色，帶淺紫色，花冠五裂，直徑約1cm；雄蕊四枚，二長二短，插於花冠筒上，花柱單一。

分布： 全世界熱帶及亞熱帶地區；台灣主要生長在濱海地區潮濕的土壤上，常見於田間水溝中。

▲ 植株

▲ 植株

▲ 花

虻眼草 *Dopatrium junceum* (Roxb.) Hamilt. *ex* Benth.

特徵： 一年生挺水植物，植株高約10-40cm，莖圓柱形，基部有縱紋，基部
節間短。基生葉對生，長橢圓形，長1.7cm，寬0.5cm，無柄；莖部
越往上端的葉逐漸變小。花單生葉腋，花冠唇形，長約0.3-0.4cm
長，粉紅至藍紫色；下唇較長，三裂。果實腋生，無梗，球形，直
徑約2mm。發芽及幼期生長在水中，挺出水面開花。

分布： 熱帶亞洲、澳洲、大洋洲，目前已歸化至北美洲。台灣主要分布於
低海拔地區的稻田，過去數量很多，現今已不多見。

▲ 幼株

▲ 基生葉（幼株）

▲ 花

▲ 果實

▲ 植株

紫蘇草 *Limnophila aromatica* (Lam.) Merr.

特徵：多年生挺水植物，植物體具有芳香味。葉對生，2-3cm長，0.8-1.1 cm寬，無梗，長橢圓形，先端尖，邊緣具疏鋸齒。花腋生，花梗 1.2-1.5 cm長；花萼0.7 cm長，具白色毛，先端五裂；花冠1.3-1.6cm 長，紫紅色，花筒外部具白色毛，筒部略帶黃色，具紫紅色條紋； 先端四裂，下唇略大，下唇先端微凹，下唇下方的喉部具白色毛； 雄蕊四枚， 二長二短。 果實卵形， 0.4cm長，果 梗1-1.7cm 長。

分布：分布於熱帶 及澳洲北 部，台灣目 前僅知分布 於南部屏東 縣南仁湖地 區。

▲ 植株

擬紫蘇草 *Limnophila aromaticoides* Yang & Yen

特徵： 一年生挺水植物，具有芳香味。葉對生，1.6-3.5cm長，0.6-1.2cm寬，無梗，長橢圓形，先端尖，邊緣具疏鋸齒。花腋生，花梗約0.5-0.9cm長；花萼0.6cm長，具白色毛，先端五裂；花冠1cm長，白色，花筒外部具白色毛，先端四裂，下唇微凹，下唇下方喉部有白色毛；雄蕊四枚，二長二短；果實0.4 cm長，橢圓形，果梗0.5-1.3cm長。本種和紫蘇草極為相似，差別在於花冠的顏色為白色。

分布： 日本及台灣，台灣主要分布於北部地區的稻田、濕地等水中。

▲ 花

▲ 植株

異葉石龍尾 *Limnophila heterophylla* (Roxb.) Benth.

特徵：一至多年生沉水或挺水植
物，莖光滑或具白色毛。沉
水葉2-5 cm長，羽狀深裂，
裂片絲狀，16-17枚輪生；挺
水葉對生，橢圓形至長橢圓
形，長約1.7cm，三出脈，鋸
齒緣。花腋生，無梗，粉紅
色，長約0.5-0.7cm；花萼約

▲ 花

0.4cm長；雄蕊二長二短。果實球形，約0.4cm長。本種最明顯的特
徵，就是沉水葉和挺水葉的形態完全不同。

分布：熱帶亞洲地區，台灣的記錄只有在高雄和屏東一帶，目前野外可能
已經消失。

▲ 植株

271

田香草 *Limnophila rugosa* (Roth) Merr.

特徵： 多年生挺水或濕生植物，植物體具有芳香味。葉對生，3.5-8 cm長，1.8-4cm寬，卵形，具梗，先端尖，鋸齒緣。花腋生，無梗；花萼0.7cm長，具白色毛；花冠紫色，1.7cm長，筒部帶黃色，具紫紅色條紋，先端四裂，下唇下方喉部帶黃色，具有毛。雄蕊四枚，二長二短。蒴果卵形，扁平。

分布： 熱帶亞洲地區；台灣主要生長在水田、沼澤等潮濕的地方，喜歡生長在較陰暗的地方。

▲ 花

▲ 植株

無柄花石龍尾 *Limnophila sessiliflora* Blume

特徵： 一至多年生沉水或挺水植物，挺水枝條節間約0.8-1.2cm長，莖上密
生白色毛。葉輪生，挺水葉0.8-1.5cm長，7-9枚輪生，上表面光滑無
毛，下表面中肋具毛。花腋生，無梗，具白色毛。花萼0.6cm長，具
白色毛，先端五裂；花冠0.8-1.2cm長，紫紅色，花筒帶黃色，先端
四裂，裂片先端紫紅色，下唇前端微凹，
具有二個紫紅色斑點，下唇下方喉部具
毛，延伸至基部。雄蕊四枚，二長二短。
果實橢圓形(近圓形)，0.3-0.4cm長，無
梗。本種和其它種類最大的區別，在於花
幾乎無梗，挺水枝條上長有毛等特徵。

分布： 東亞地區，台灣僅知分布於北部台北及宜
蘭等地區，目前野外狀況不明。

▲ 花

▲ 植株

273

小花石龍尾 *Limnophila stipitata* (Hayata) Makino & Nemoto

特徵： 一至多年生沉水或挺水植物，莖葉無毛，葉片成細裂狀輪生在節
　　　　上。沉水葉9-11枚輪生，羽狀深裂；裂片線形，長1.5-2.3cm；挺水
　　　　葉8-10枚輪生，羽狀深裂，長0.8-1.5cm。花腋生，幾無梗或具短
　　　　梗；花萼0.3cm長，先端五裂；花冠0.6cm長，花筒帶黃色，具紫紅
　　　　色條紋，先端四裂，下方裂片前端微凹，具有二個紫色斑點，喉部
　　　　具白色毛。雄蕊四枚，二長
　　　　二短。果實橢圓形，3 mm
　　　　長，花柱宿存，果柄0.5-5
　　　　mm長。

▲ 挺水葉及花

分布： 目前僅知分布於台灣地區，
　　　　是石龍尾屬植物在本省分布
　　　　最廣及最多的種類，全省均
　　　　有分布，野外數量相當多。

▲ 沉水葉

274

桃園石龍尾 *Limnophila taoyuanensis* Yang & Yen

特徵：多年生沉水植物，葉輪生，沉水葉羽狀深裂，裂片線形，光滑無毛；挺水葉9-10枚輪生，羽狀深裂，裂片較沉水葉寬，莖、葉上被有稀疏的毛。花腋生，梗極短；花萼約0.6cm長，先端五裂；花冠約1.2cm長，粉紅色略帶橘紅色，花筒帶黃色，具紫紅色縱條紋；先端四裂，下方裂片前端微凹，喉部具白色毛。雄蕊四枚，二長二短。不結果，可能為雜交種。

分布：台灣特有種，僅有零星紀錄，目前野外狀況不明。

▲ 花

▲ 植株

▲ 花

雙連埤石龍尾 *Limnophila trichophylla* Komarov

特徵： 一至多年生沉水植物，開花枝條會挺出水面生長。植物體光滑無毛，葉輪生，沉水葉羽狀深裂，裂片線形；挺水葉0.7-0.9cm長，6-7枚輪生，羽狀深裂，裂片較沉水葉寬。花腋生，花梗約0.3-1cm長；花萼0.5-0.6cm長，先端五裂；花冠約1.5cm長，花筒帶黃色，具紫紅色縱條紋，外部有白色毛；花冠先端四裂，下方裂片最大，前端微凹，具二個紫色斑紋；除上方的一枚裂片外，其餘三枚裂片具有毛，下方裂片喉部具有許多白色毛，一直延伸到基部。雄蕊四枚，二長二短。果實橢圓形，0.4cm長，果梗長0.3-1cm，花柱宿存。

分布： 從中國東北、韓國、日本至台灣；台灣應是本種分布的南限，僅見於桃園龍潭及宜蘭雙連埤。

▲ 花

▲ 植株

▲ 植株

屏東石龍尾 *Limnophila sp.*

特徵：一至多年生沉水或挺水植物，挺水葉0.9-1.2cm長，9-10枚輪生，莖上有毛，節間長約1.2-1.7cm長；沉水葉比挺水葉寬大。花腋生，花梗長約0.1-0.4cm；花萼0.3-0.4cm長，五裂；花冠0.8-1.2cm長，四裂，裂片先端紫紅色，下唇先端微凹，花筒內部具白色腺毛。雄蕊四枚，二長二短。果實橢圓形，0.3cm長，果梗0.2-0.5cm長，具毛，花柱宿存，宿存萼上有稀疏的白毛。

▲ 花

分布：目前僅知分布於屏東五溝水地區的水域。

▲ 植株

心葉母草 *Lindernia anagallis* (Burm. f.) Pennell

特徵：一年生濕生植物，植物體光滑，莖多分枝，方形，伏臥生長。葉對生，三角狀卵形，長1-2.5cm，寬0.5-1cm，鋸齒緣，無柄。花單一，腋生；花梗比葉子長，約1-1.5cm；花冠紫紅色，長1-1.6cm，上唇二裂，下唇三裂。果實長圓柱形，尖頭，長約1cm，長於宿存花萼。

分布：熱帶亞洲和澳洲，台灣全省低海拔水田、濕地相當常見。

▲ 植株

▲ 花及果實

▲ 植株

美洲母草 *Lindernia dubia* (L.) Pennell

特徵：一年生濕生植物，植株高約12-30cm，莖方形，光滑無毛。葉對生，倒卵狀橢圓形，長1.2-3cm，寬約0.5-1cm，疏鋸齒緣，基出脈3或5。花腋生，具長梗；花萼五裂，幾乎裂到基部，長約0.4cm；花冠白色帶淺紫色，約0.5-1cm長，上唇淺二裂，下唇淺三裂；雄蕊四枚；花柱宿存；果實長橢圓形，約0.4-0.6cm長，約與花萼等長。

分布：原產北美洲，1987年由中興大學歐辰雄教授發表為新記錄種，全省各地低海拔地區水田或潮濕的地方均可發現。

▲ 花

▲ 植株

泥花草 *Lindernia antipoda* (L.) Alston

特徵：一年生濕生植物，植株光滑，莖多分枝，伏臥地面。葉對生，橢圓狀倒披針形，長1-4cm，寬約1cm，無柄，粗鋸齒緣。花單一，腋生，花梗長約0.5-1cm；花冠淡紫色，唇形，下唇較寬廣，三裂，上唇較小。果實長邢柱形，尖頭，長約1-1.6cm，長於宿存花萼。

分布：溫帶亞洲、澳洲和大洋洲，台灣全省低海拔水田、濕地相當常見。

▲ 花及果實

▲ 花

▲ 植株

陌上菜 *Lindernia procumbens* (Krock.) Philcox

特徵：一年生濕生植物，直立或斜上，莖方形，植株光滑。葉對生，橢圓形，長約1.4-2cm，寬約0.8-1cm，全緣，先端圓或鈍，無柄，基部三出脈或五出脈。花腋生，花冠淡粉紅色，下唇三裂，甚大於上唇；花梗比葉長，約0.5-2cm長。果實長橢圓形，約0.3-0.4cm長，約與宿存花萼等長。

分布：溫帶至熱帶歐亞地區，台灣全省低海拔地區水田、濕地均很常見。

▲ 果實

▲ 花

▲ 植株

微果草 *Microcarpaea minima* (Koenig) Merr.

特徵： 一年生沉水或濕生植物，植株細小，分枝極多，匍匐地面生長，全
株光滑。葉對生，全緣，橢圓狀披針形，長約0.2-0.5cm，寬約0.1-
0.2cm，先端圓。花單一，腋生，花萼及花冠筒狀，花萼五裂，裂片
頂端纖毛狀；花冠白色，約0.2cm長，略二唇形，五裂，雄蕊2枚。
果實橢圓形，短於宿存花萼。

分布： 東亞、澳洲及大洋洲；台灣生長在低海拔地區的稻田及濕地，水多
時沉水生長，冬季水少時，也可以在較乾的地區生長。

▲ 植株

▲ 花

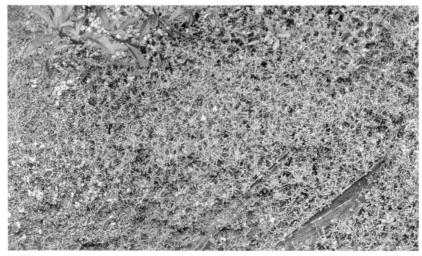

▲ 植株

尼泊爾溝酸漿 *Mimulus nepalensis* Benth.

特徵：一年生濕生植物，莖方形，有翼，高
約10-30cm，光滑無毛。葉對生，卵
形，長約1-4cm，寬約1-2cm；葉柄長
約0.3-0.5cm；邊緣鋸齒狀；三出脈。
花單一，腋生，花梗約1-1.5cm；花萼
筒狀，頂端淺五裂，長約0.7cm；花冠
筒狀，黃色，長約1.6cm，頂端五裂。
果實橢圓形，被宿存花萼所包圍。

分布：中國、韓國、日本、台灣至印度、尼
泊爾等地區，台灣多生長於中海拔地
區水邊潮濕的地方。

▲ 植株

▲ 花

水苦賈 *Veronica undulata* Wall.

特徵：一至多年生挺水植物，高約10-50cm，植株光滑，莖中空。葉對生，
橢圓狀披針形，長約2.5-5cm，寬約0.7-1cm，邊緣鋸齒狀，無柄。總
狀花序頂生或腋生，花序5-20cm長；花冠白色帶淺紫色，直徑約
0.5cm；蒴果扁卵形，約
0.2-0.3cm長。

分布：歐洲、亞洲、北美洲等溫
帶和熱帶地區；台灣主要
分布於低海拔水田、溝渠
等潮濕多水的地區。

▲ 植株

密穗桔梗科 Sphenocleaceae

尖瓣花 *Sphenoclea zeylanica* Gaertn.

特徵： 一年生挺水或濕生植物，高可達80cm
以上，上部分枝多，基部常較膨大且
形成髓狀的通氣組織。葉互生，長橢
圓形至披針形，先端尖，基部楔形，
長約3-10cm，寬約1cm，下表面綠白
色。穗狀花序頂生，3-5cm長；花萼五
裂，鐘形，與子房連結在一起；花冠
白色，五裂，鐘形。果實球形，頂端扁平。

▲ 花序

分布： 泛熱帶分布，台灣主要生長在低海拔水田、廢耕地、沼澤等地區。

▲ 植株

▲ 植株

菱科 Trapaceae

日本菱 *Trapa japonica* Flerov

特徵：一年生浮葉性植物，根著生水底泥中；另有同化根，位於莖節上，
呈羽狀細裂；莖柔軟，細長。浮水葉聚集頂端，卵狀菱形，葉緣不
規則齒狀，長約2-4cm；葉柄中段有一處膨大呈囊狀。花朵粉紅色，
花瓣四枚。果實約3-5cm長，肩角平直不彎曲。

分布：俄羅斯、中國、韓國、日本、台灣。紀錄中，台灣主要分布於台
北、桃園及宜蘭地區，目前則僅在宜蘭山區的一些湖沼中有發現，
如雙連埤、崙埤池、中嶺池等。

▲ 花

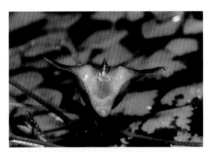
▲ 果實

▼ 植株

台灣菱 *Trapa bicornis Osbeck var. taiwanensis* (Nakai) Xiong

特徵： 一年生浮葉植物，根著生水底泥中；另有同化根，位於莖節上，呈羽狀細裂；莖柔軟，細長。浮水葉聚集頂端，葉寬菱形，葉緣不規則齒狀，長約3-4.5cm，寬約4-6cm；葉柄長約2-10cm，中段有一處膨大呈囊狀。花腋生，挺出水面，花瓣四枚，白色。果實具有兩個肩角，長約5-8cm；肩角先端向下彎曲，彎曲部位頂端常具有倒勾刺；幼期果皮紫紅色，成熟時轉黑色。本種長期以來認為是台灣特有種，《台灣植物誌》使用*Trapa taiwanensis* Nakai這個名字，黃世富在他的論文中則認為本種應該還是與中國大陸一樣的紅菱*Trapa bicornis* Osbeck，基本上筆者也有這種傾向，但此處暫時以上面的學名來處理。

分布： 中國、台灣、日本。廣泛被栽種為食物，果實中富含澱粉質。

▲ 花

▲ 果實

▲ 幼株

植株 ▼

繖形科 Umbelliferae

水芹菜 *Oenanthe javanica* (Blume) DC.

特徵：生長在潮濕地的多年生草
本，植株光滑無毛，高約10-
40cm。葉一至三回羽狀，葉
鋸齒緣；葉柄長可達10cm，
基部成鞘狀。聚繖花序頂生
或腋生，花白色，花瓣五
枚；花柱長，宿存。果實為離果，長橢圓形。

▲ 花序

分布：分布於中國、日本、琉球、馬來西亞、印度和澳洲等地區。台灣生
長於低至中海拔水田、溝渠、池塘等潮濕的地方。

▲ 植株

澤芹 *Sium suave* Walt.

特徵： 一至多年生濕生植物，植株高可達120cm，光滑無毛，莖中空。奇數
羽狀複葉，長約20-40cm；小葉4-5對，小葉長約4.5-10cm，寬約1.5-
3cm，基部歪斜，鋸齒緣。聚繖花序頂生，花白色，直徑約3mm
長；花瓣五枚，約1mm長；果實約2mm長。

分布： 廣泛分布於北美、東歐、西
伯利亞、中國、韓國、日本
等地區。台灣記錄中只有台
中縣的清水有採集的紀錄，
目前野外並沒有更多新的發
現。

▲ 植株

▲ 植株

▲ 花序

▲ 果實

單子葉植物
Monocotyledons

菖蒲科 Acoraceae

水菖蒲 *Acorus calamus* Linn.

特徵：多年生挺水植物，具有粗狀的地下
根莖。葉基生，劍形，長約45-
100cm，寬約1.5-3cm。肉穗花序自
葉中間部位的側邊長出，長約6-
8cm，花兩性，數量相當多。

分布：北美洲、亞洲，目前已歸化於歐洲
及南美洲。台灣主要是栽植為觀賞
用，無野生個體。

▲ 花序

▲ 植株

石菖蒲 *Acorus gramineus* Soland.

特徵：多年生濕生植物，具地下根莖。葉長條形，長約20-50cm，寬約0.5-
1cm。肉穗花序自葉中間部位的側邊長出，長約5-8cm；兩性花，數
量相當多。

分布：日本、韓國、中國、菲律賓、印尼和台灣。台灣主要分布於全省低
海拔山區溪流旁石頭上潮濕的地方。

▲ 植株

▲ 花序

澤瀉科 Alismataceae

窄葉澤瀉 *Alisma canaliculatum* A. Braun & Bouche

特徵：多年生濕生植物，植株高約30-60cm。葉叢生基部，狹橢圓形至長條形，長約10-15cm，寬約1-5cm，先端尖，基部楔形。花軸由基部抽出，高可達1m，花序圓錐狀；花兩性，花瓣白色，三枚，長約3.5mm，寬約3mm，近圓形，邊緣不整齊；雄蕊6枚。瘦果倒卵形，長約0.2cm。

分布：中國、日本、琉球和台灣。台灣僅在北部台北三芝及桃園地區有紀錄，主要生長在稻田或水溝邊。

▲花

▲果實

植株 ▼

圓葉澤瀉 *Caldesia grandis* Samuelsh.

特徵： 多年生挺水或濕生植物，植株高約30-50cm，葉叢生基部。葉近圓形，長約5-9cm，寬約4-8cm，先端凹，在中肋處凸起，具7-11條明顯平行脈，具長柄。花序圓錐狀，花兩性；花瓣白色，三枚。瘦果倒卵形，具有一由花柱留下形成的長喙，喙較果實長。花軸常會有營養繁殖芽產生。本種常和齒果澤瀉屬的植物混淆，然本種圓形的葉子是容易辨識的特徵。

分布： 印度、中南半島、中國廣東和台灣。台灣僅發現於北部宜蘭山區海拔約850m的草埤，目前該環境已逐漸淤積，加上人為的採集，圓葉澤瀉的野外族群數量近乎滅絕。

▲ 無性芽

▲ 植株

冠果草 *Sagittaria guayanensis* HBK ssp. *lappula* (D. Don) Bogin

特徵：一年生浮葉植物，葉叢生基部。幼株沉水，葉帶狀。浮水葉近於圓形，4-6cm長，3.5-5cm寬，基部深凹，具有長柄。花軸基生，每一花軸具2至3朵花；花單性或兩性，花瓣白色，三枚；心皮多數，瘦果扁平狀，邊緣具有不規則的雞冠狀齒裂。

分布：熱帶非洲及亞洲，台灣僅桃園、苗栗及台南等地區有紀錄，主要生長於水田之中。

▲ 花

▲ 果序

▲ 瘦果

▲ 植株

瓜皮草 *Sagittaria pygmea* Miq.

特徵：一至多年生沉水或挺水植物，具有地下走莖。葉叢生基部，長條形，先端尖或鈍，長約8-15cm，寬約0.5-0.8cm，基部鞘狀，葉脈不明顯。花單性，雄花位於花序頂端，雌花位於花序下方；花瓣白色，三枚，長約1cm。瘦果倒卵形，扁壓狀，聚集成球狀。

分布：中南半島、中國、韓國、日本及台灣等亞洲熱帶、亞熱帶至溫帶地區。台灣主要分布於低海拔地區的水田、灌溉溝渠旁潮濕的地方。

▲ 雄花

▲ 果序

 植株

野慈姑 *Sagittaria trifolia* L.

特徵：一至多年生挺水植物，具地下走莖及前端膨大的球莖。葉基生，箭形，平行脈5-7條；具長柄，基部成鞘狀。花單性，雄花位於花序頂端，雌花位於花序下方；花瓣白色，三枚，長約1.5cm。瘦果倒卵形，扁壓狀，長約0.4cm。

分布：中亞、印度、中南半島、中國、菲律賓、台灣、琉球及日本。台灣低海拔地區水田、沼澤濕地很普遍。

▲ 雄花

▲ 雌花

▲ 植株

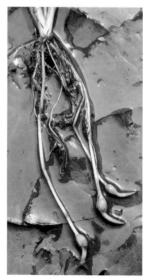

▲ 走莖及球莖

水蕹科 Aponogetonaceae

台灣水蕹 *Aponogeton taiwanensis* **Masamune**

特徵：多年生植物，具埋藏於泥土中的塊莖，直徑約1.5cm，長度約2cm。葉叢生，長橢圓形，飄浮於水面上，長6-9cm，寬約2cm；先端鈍，基部心形；主脈1，側脈3對，中間有許多小橫脈；葉柄長約7-21cm。每年四、五月間開始長葉，秋天十一月左右地上的葉逐漸凋萎，僅留地下塊莖。

分布：台灣特有種，最早發現於桃園地區，近年來在台中地區有新的族群被發現，主要生長在水稻田中。

▲ 植株

▲ 植株

▲ 塊莖

天南星科 Araceae

芋 *Colocasia esculenta* (L.) Schott

特徵：一至多年生植物，地下莖塊狀。
葉具長柄，長可達1m，盾狀著
生；葉卵形至近圓形，長可達
40cm，寬可達30cm，基部心
形。品種很多，未曾見過開花。

分布：中國、印度、中南半島及澳洲。
被廣泛栽植為食物，主要生長在
水田、水溝等有水或潮濕的地
方。

▲ 植株

▲ 植株

大萍 *Pistia stratiotes* L.

特徵： 多年生漂浮性植物，植物體蓮座狀，密生毛絨，具走莖。葉倒三角形，先端截形或具淺凹缺，基部楔形，長約4-15cm，寬約3-8cm；葉柄長約1cm。花單性，腋生，佛燄花序，綠色，長約1.5cm；雄蕊在佛燄苞的上方，雌蕊在下方，佛燄苞在兩者中間形成窄縮。果實長約1cm，種子橢圓形，約有15顆。

分布： 原產南美洲，目前已歸化至全世界熱帶及亞熱帶地區。主要生長於池塘、溝渠、稻田等靜水或水流緩慢的地方。

▲ 果實及種子

▲ 花序

▲ 植株

鴨跖草科 Commelinaceae

竹仔菜 *Commelina diffusa* **Burm. f.**

特徵：多年生濕生或挺水植物，莖匍匐，多分枝。葉無柄，具葉鞘，葉鞘
　　　邊緣有毛；葉身卵形至披針形，長約3-7cm，寬約0.5-3cm，先端
　　　尖。花序頂生，具有一摺疊的葉狀苞片，卵狀披針形；花瓣三枚，
　　　側面二枚較大，藍色；可孕雄蕊三枚。果實長約0.4-0.5cm，三室。

分布：全世界熱帶和亞熱帶地區，台灣分布於低海拔地區的荒地、水田、
　　　溝渠、濕地、水邊等潮濕或半潮濕的地方。

▲ 果實

▲ 花

▲ 植株

水竹葉 *Murdannia keisak* (Hassk.) Hand.-Mazz.

特徵：一年生挺水植物，植物體匍匐或直立生長。葉線形至卵狀披針形，長約3-5cm，寬約0.5-0.8cm，先端漸尖；無柄，具葉鞘，邊緣具毛。花頂生，單一，花萼三枚；花瓣三枚，粉紅色，橢圓形，長約0.6cm；雄蕊六枚，包含三枚可孕雄蕊及三枚退化雄蕊。蒴果橢圓形，長約0.5-0.7cm。

分布：北美、印度、斯里蘭卡、中南半島、菲律賓、台灣、中國、日本、韓國等地區。台灣主要分布於低海拔地區水田、溝渠、濕地等潮濕有水的地方。

▲ 植株

矮水竹葉 *Murdannia spirata* (L.) Bruckner

特徵：一至多年生匍匐或直立植物，常攀附於鄰近植物上。葉長卵形，長約2-4cm，寬約0.5-1cm，先端尖；無柄，具葉鞘，葉鞘邊緣具毛。花序頂生，聚繖花序；花瓣三枚，藍紫色，圓形，長約0.5-0.6cm。蒴果橢圓形，長約0.4-0.6cm。

分布：印度、印尼、菲律賓、馬來西亞、中國、台灣和太平洋島嶼。台灣僅發現於新竹縣蓮花寺山谷潮濕的地方。

▲ 植株

雲林莞草 *Bolboschoenus planiculmis* (F. Schmidt) T. Koyama

特徵： 多年生濕生或挺水植物，高約30-100cm，稈三稜形，有節；具地下根莖及塊莖。葉線形，長約20-50cm，寬約0.2-0.5cm；具葉鞘。聚繖花序頂生，具1-3枚葉狀苞片；小穗長卵形，1-6枚；雄蕊3枚；花柱柱頭二叉。瘦果寬倒卵形，透鏡狀，下位剛毛4-6枚，長約為瘦果的1/2至2/3。

分布： 中國、韓國、日本、琉球及台灣。台灣生長於西部沿海地區河口、海灘、水田等濕地。

▲ 花序

▲ 植株

▲ 生育地

單穗薹 *Carex capillacea* Boott

特徵：多年生濕生植物，稈長約30-70cm，直立或傾斜。葉細線狀，長約0.5-1.2mm。花序穗狀，頂生，花僅約1-6朵，無柄；柱頭3叉。瘦果卵形，先端尖，長約1.5-2mm。

分布：喜馬拉雅地區、中國、日本、台灣、馬來西亞及澳洲。台灣僅鴛鴦湖有記錄，生長在湖邊潮濕地方。

▲ 花序

▲ 植株

克拉莎 *Cladium jamaicense* Crantz

特徵：多年生濕生植物，植物體高大，可達2.5m以上；稈圓柱體，直立。
葉線形，長約60-200cm，寬約0.8-1.5cm，細鋸齒緣；葉鞘短於節
間。圓錐花序頂生，由5-9個聚繖花序所組成，側生於花序軸，且互
相遠離；小穗卵形，4-12個聚成頭狀，再由這些小的頭狀花序組成
聚繖花序；雄蕊2枚；柱頭3叉；無下位剛毛。

分布：東亞、東南亞、太平洋群島、澳洲及美洲。台灣分布於低海拔地區
濕地及沼澤，如宜蘭雙連埤，但不多見。

▲ 植株

▲ 花序

▲ 果序

風車草 *Cyperus alternifolius* L. ssp. *flabelliformis* (Rottb.) Kukenthal

特徵：多年生濕生植物，稈叢生，高約30-150cm，橫切面近圓形。葉退化
成鞘狀，包裹在稈的基部。稈的頂端葉狀苞片多數，線形，約等
長，成螺旋狀排列生長，向四周開展，有如傘狀；花序聚繖狀，小
穗橢圓形或長橢圓形，長約0.3-0.8cm，扁壓狀；雄蕊3枚；柱頭3
叉；瘦果倒卵狀橢圓形，橫切面三稜狀。

分布：原產非洲，被廣泛栽植於庭園之中。台灣低海拔各地溪流、溝渠旁
或潮濕的地方已有許多野生的族群。

▲ 植株

▲ 植株

異花莎草 *Cyperus difformis* L.

特徵：一年生濕生植物，稈叢生，三角形，高約30-52cm。葉線形，長約
34-45cm，寬約0.4-0.5cm；基部具一枚長約5.5cm的苞片。葉狀苞片
三枚，不等長；小穗扁平狀，排列成4-9個球狀的花序，中間的部分
花軸較短，外圍的花軸較長；雄蕊2枚，有時1枚；柱頭3叉；瘦果卵
狀橢圓形。

分布：全世界溫帶及亞熱帶地區。台灣全島低海拔水田、河床、溝渠、沼
澤等潮濕的地方相當常見。

▲ 植株

▲ 花序

▲ 植株

高稈莎草 *Cyperus exaltatus* Retz.

▲ 花序

特徵：多年生濕生植物，稈數枝叢生，三角
形，高約100-150cm。葉線形，幾與稈
等長，寬約1-1.4cm；葉鞘長，帶褐
色。葉狀苞片3-6枚，最外面3枚較花
序長；複聚繖花序呈輻射狀，由多數
聚繖花序組成；聚繖花序則由數枚穗
狀花序排列而成，穗狀花序上具有許
多排列疏鬆的小穗；小穗無柄，長卵
形，長約0.4-0.6cm；雄蕊3枚；柱頭3
叉；瘦果倒卵狀橢圓形。本種小穗排列疏鬆，穗軸容易看到，是辨
識的明顯特徵。以往均稱為「無翅莎草」，根據學名「exaltatus」為
「極高」之意，故此處以「高稈莎草」稱之。

分布：南亞、非洲及澳洲。台灣低海拔農地、埤塘等潮濕的地方均可見。

▲ 植株

畦畔莎草 *Cyperus haspan* L.

特徵： 一年生濕生植物，稈叢生，三角形，高約10-30cm。葉寬約0.2-
0.3cm，線形，短於稈，有時僅有葉鞘。聚繖花序，葉狀苞片2-3
枚，短於花序；小穗長橢圓狀卵形，長約0.2-1.2cm，扁壓狀；雄蕊3
枚，柱頭3叉；瘦果倒卵形。

分布： 全世界溫帶、亞熱帶及熱帶地區。台灣常見於水田、溝渠旁等潮濕
的地方。

▲ 花序

▲ 植株

▲ 花序

覆瓦狀莎草 *Cyperus imbricatus* Retz.

特徵： 多年生濕生植物，稈叢生，略呈三角形，高約100cm。葉長約60-
75cm，寬約0.6-1.5cm。葉狀苞片3-6枚。聚繖花序，輻射枝超過10
個；小穗長卵形，排列成穗狀，小穗排列緊密看不到穗軸；雄蕊3
枚；柱頭3叉；瘦果橢圓形。本種與「高稈莎草」極相似，小穗排列
緊密看不到穗軸，可與
之區分。

分布： 泛熱帶分布，台灣低海
拔各地稻田、廢耕地、
路邊及水邊潮濕的地方
均可發現。

▲ 植株

▲ 植株

▲ 花序

309

碎米莎草 *Cyperus iria* L.

▲ 植株

特徵：一年生濕生植物，無地下根莖，稈叢生，三角形，高約30-43cm。葉線形，短於稈，長約12-38cm，寬約0.6cm。聚繖花序，葉狀苞片4-6枚，較花序長；小穗長橢圓形至線狀披針形，扁壓狀，稀疏排列於輻射枝上，輻射枝5-10cm長；雄蕊3枚；花柱短，柱頭3叉，不外露於鱗片；瘦果倒卵形。

分布：歐洲南部、非洲北部、中亞至印度、馬來西亞、越南等南亞地區，及西伯利亞東部、韓國、日本至台灣等東亞地區，太平洋群島及澳洲等溫帶、亞熱帶及熱帶地區。台灣常見於稻田、溝渠旁等潮濕的地方。

紙莎草 *Cyperus papyrus* L.

▲ 植株

特徵：多年生高大的挺水植物，地下根莖短，叢生，稈三稜形，高可達2-5m。葉退化成鞘狀，生於稈的基部。花序由長約10-30cm的輻射枝排列成球狀；葉狀苞片6枚，短於花序；小穗聚集於輻射枝頂端，小穗線形，長約1cm，具有四枚長約10cm絲狀的苞片；柱頭3叉；瘦果橢圓形。本種在可用來當作紙的材料，也是古代埃及重要的精神上的象徵，常出現在一些圖像及建築雕刻上。

分布：非洲北部埃及、蘇丹、喀麥隆、奈及利亞、幾內亞、巴勒斯坦等地區。廣泛被栽植為庭園景觀植物。

單葉鹹草 *Cyperus malaccensis* Lam. ssp. *monophyllus* (Vahl.) T. Koyama

特徵： 多年生挺水或濕生植物，根莖橫走土中，成簇生長。稈直立，三角
形，高可達一公尺以上。葉退化成鞘狀，生於稈的基部。聚繖花序
頂生，葉狀苞片三枚，短於花序；具有5-10個長短不等的輻射枝，
而每一輻射枝上又有約5-12個小穗；小穗線形，長約0.5-3.5cm；雄
蕊3枚；柱頭3叉；瘦果狹長橢圓形。本種過去是做為繩子、草帽、
草蓆的材料。

分布： 中國南部、台灣及琉球南部。台灣產於西部沿海地區溝渠、池塘、
河口等濕地環境。

▲ 植株

▲ 花序

毛軸莎草 *Cyperus pilosus* Vahl.

特徵： 多年生濕生植物，地下根莖橫走；稈散生，單一或數枝叢生，三角形，高約25-100cm。葉寬線形，寬約0.6-0.8cm，短於稈。聚繖花序，葉狀苞片3-6枚，最外面3枚通常長於花序；小穗線狀披針形，長約0.5-1.5cm，扁壓狀；雄蕊3枚；花柱短，柱頭3叉；瘦果倒卵圓形。

分布： 南亞、東南亞及澳洲。台灣低海拔稻田、溝渠旁、沼澤等濕地常見。

▲ 植株

▲ 花序

粗根莖莎草 *Cyperus stoloniferus* Retz.

特徵： 多年生濕生植物，地下走莖橫走，具塊狀莖，植株匍匐生長。稈單一，高約8-20cm，鈍三角形。葉線形，短於稈，寬約0.2-0.4cm；基部的葉鞘裂成纖維狀。聚繖花序由2-4枚短的輻射枝所組成，每個輻射枝具3-8個小穗；小穗長橢圓形至橢圓狀披針形，長約0.6-1.2cm；柱頭3叉；瘦果橢圓形。

分布： 熱帶非洲、南亞及澳洲。台灣生長於西部沿海地區海灘、鹽濕地。

▲ 植株

牛毛顫 *Eleocharis acicularis* (L.) Romer & Schult.

特徵： 一至多年生挺水或沉水植物，具有地下走莖。植株細小，稈叢生，
長約3-10cm，就像牛身上的毛髮。葉退化成鞘狀。小穗卵形，頂
生，長約0.2-0.4cm；柱頭3叉；下位剛毛3-4枚；瘦果倒卵狀橢圓
形，具有橫的網紋；花柱底部膨大，與瘦果間形成明顯的界線。

分布： 廣泛分布於歐亞、北美等地區。台灣低海拔稻田、溝渠、溪流常
見。

▲ 花序

▲ 植株

▲ 植株

桃園藺 *Eleocharis acutangula* (Roxb.) Schult.

特徵：多年生濕生植物，地下根莖橫
走，頂端膨大成塊莖。稈叢生，
高約30-70cm，三角形。小穗圓
筒狀，長約2-4cm；花柱3叉至中
部，基部三角錐狀，底部緊縮；
下位剛毛6枚，長於花柱基部；
瘦果寬倒卵形。

分布：熱帶亞洲、澳洲及美洲。台灣僅
桃園地區及南投日月潭有紀錄。

▲ 植株

針藺 *Eleocharis congesta* D. Don ssp. *japonica* (Miq.) T. Koyama

特徵：多年生或一年生挺水植物，稈叢
生，高約10-25cm。葉退化僅有
葉鞘。小穗長卵形，長約0.5-
0.6cm，基部常有無性繁殖芽產
生；雄蕊3枚；柱頭3叉，花柱基
部三角錐狀，與瘦果有明顯區
隔；下位剛毛6枚，較瘦果長；
瘦果橢圓形。

分布：印度至馬來西亞、台灣、日本等
東亞及南亞地區。台灣全島低海
拔湖沼、濕地、稻田等環境很常
見。

▲ 植株

314

荸薺 *Eleocharis dulcis* (Burm. f.) Trin. *ex* Henschel

特徵：多年生挺水植物，具有走
莖，高約40-100cm。稈叢
生，圓柱形，稈的中心具有
橫隔膜。葉退化僅有葉鞘。
小穗圓柱狀，長約2-5cm；柱
頭3叉，花柱基部三角錐狀，
底部不窄縮，與瘦果間無明
顯區隔；下位剛毛6-8枚，較
瘦果長；瘦果倒卵形。

▲ 植株

▲ 花序

分布：熱帶及亞熱帶非洲、亞洲及太平洋群島。台灣分布於全省低海拔地
區的濕地、湖沼、池塘中。本省野生的荸薺並不會產生塊莖，我們
所吃的荸薺塊莖是栽培的變種「甜荸薺」所產生的。

甜荸薺 *Eleocharis dulcis* (Burm. f.) Trin. *ex* Henschel var. *tuberosa* (Roxb.) T. Koyama

特徵：本植物為一栽培變種，外形特徵與荸薺相同，其差異在於甜荸薺的
地下走莖前端會長出膨大的塊狀莖，直徑約2-5cm，高度約1-
2.5cm。

分布：中國和台灣，栽培歷史可能超過一千年。

▲ 花序

▲ 球莖

▲ 植株

彎形藺 *Eleocharis geniculata* (L.) Romer & Schult.

特徵： 多年生濕生植物，植株高約20-27cm，稈叢生，細絲狀。葉退化僅有葉鞘。小穗卵形，長約0.4-0.5cm；柱頭2叉，花柱基部扁圓錐狀，底部與瘦果間有明顯區隔；下位剛毛6-8枚，較瘦果長；瘦果寬倒卵形，成熟時黑色，長約1mm。

分布： 泛熱帶分布，台灣分布於近海岸地區的河口沙地及濕地。

▲ 植株

日月潭藺 *Eleocharis ochrostachys* Steudel

特徵： 多年生濕生植物，具長地下走莖；稈叢生，圓柱狀，高約30-80cm，內部有髓，無橫隔膜。葉退化僅有葉鞘。小穗圓柱狀，長約1-2.5cm，略寬於稈；柱頭3叉，花柱基部三角錐狀，與瘦果間無明顯區隔；下位剛毛6-7枚，較瘦果長；瘦果倒寬卵形。

分布： 印度至馬來西亞、中國、南部、台灣、琉球、日本。台灣分布於桃園、南投、宜蘭等湖沼濕地、池塘等環境。

▲ 花序

▲ 植株

小畦畔飄拂草 *Fimbristylis aestivalis* (Retz.) Vahl.

特徵： 一年生濕生植物，無地下走莖；稈密叢生，高約3-12cm，3-4稜。葉
絲狀，短於稈，被毛；葉鞘短，被密毛。複聚繖花序，葉狀苞片絲
狀，3-5枚，短於或等長於花序；小穗長卵形，長約2.5-6mm；鱗片螺
旋狀覆瓦狀排列，中肋向先端延伸出一短突尖，背面中肋處被毛；雄
蕊單一；柱頭2叉，花柱基部膨大；瘦果倒卵圓形，長約0.6mm。

分布： 尼泊爾、印度、斯里蘭卡、印尼、馬來西亞、中國、台灣、日本。
台灣分布於低海拔稻田、河床、溝渠、濕地等潮濕的地方。

▲ 花序

▲ 花序

▲ 植株

彭佳嶼飄拂草 *Fimbristylis ferruginea* (L.) Vahl

特徵： 多年生濕生植物，稈叢生，高約20-80cm，扁三稜狀。下部的葉成鞘
狀；上部的葉線形，短於稈；具短毛狀葉舌。聚繖花序，葉狀苞片
2-3枚，短於或稍長於花序；小穗長卵形，長約0.7-1.3cm；鱗片螺旋
狀覆瓦狀排列，背面上半部中間具柔毛，中肋向先端延伸出一短突
尖；雄蕊3枚；柱頭2叉；瘦果寬卵形，長約1-1.5mm。

分布： 泛熱帶分布。台灣分布於海岸地區的鹽濕地，以及南部或東部泥火
山地區。

▲ 植株

▲ 花序

▲ 植株

水虱草 *Fimbristylis littoralis* Gaud.

特徵：一或多年生濕生植物，無地下根
莖；稈密叢生，高約10-60cm，
扁四稜形，光滑。葉線形，側面
扁壓，無葉舌。複聚繖花序，葉
狀苞片2-4枚，較花序短；小穗
近球形，長約2-2.5mm；鱗片螺
旋狀覆瓦狀排列，先端不突出；
雄蕊1-2枚；柱頭3叉；瘦果為倒
寬卵形，表面具突起。

▲ 花序　　　　▲ 植株

分布：泛熱帶分布。台灣全島平地稻田、溝渠、沼澤、濕地相當常見。

水蔥 *Fimbristylis tristachya* R. Br. var. *subbispicata* (Nees & Meyen) T. Koyama

特徵：多年生濕生植物，具短的地下根
莖；稈密叢生，高約40-70cm，
稈圓形，實心，纖細。葉具葉
鞘，長約6-7cm；葉20-30cm長，
橫切面半圓形。小穗假頂生，長
卵形，長約1.2-2.8cm；葉狀苞片
一枚，長約0.7-1.7cm；鱗片螺旋
狀覆瓦狀排列，先端微突，背面
具多條脈；雄蕊3枚；柱頭2叉；
瘦果近球形，長約0.8-1mm。

▲ 花序　　　　▲ 植株

分布：中國、韓國、日本、台灣。台灣分布於全島低海拔地區潮濕的地
方。

毛三稜 *Fuirena ciliaris* (L.) Roxb.

▲ 花序

特徵：一年生濕生植物，高約10-50cm，全株
各部位均被柔毛，地下根莖短，稈叢
生。葉長披針形，長約5-15cm，寬約
0.34-0.7cm；葉鞘具膜質葉舌。聚繖花
序間隔數叢，每一叢由3-15個小穗聚集
而成；小穗卵形或長橢圓形，長約0.5-
0.8cm；鱗片覆瓦狀排列，頂端圓，中
肋延伸成芒狀，芒向外彎，芒長約
1mm；雄蕊3枚；柱頭3叉；瘦果倒卵形，下位剛毛3枚，短於瘦果；
下位鱗片3枚，約與瘦果等長。本種全株有毛，可與黑珠蒿區別。

分布：溫帶及熱帶亞洲地區，從印度至馬來西亞、日本。台灣分部於西部
台北至南部屏東地區低海拔的潮濕地。

▲ 植株

▲ 植株

黑珠蒿 *Fuirena umbellata* Rottb.

▲ 花序

特徵：多年生濕生植物，地下根莖短，稈叢
生，五稜，高約50-120cm，光滑無毛。
葉長披針形，長約10-20cm，寬約0.5-
1.5cm；葉鞘具膜質葉舌。聚繖花序間
隔數叢，每一叢由6-15個小穗聚集而
成；小穗卵形或長橢圓形，長約0.6-
1.2cm；鱗片覆瓦狀排列，頂端圓，中
肋延伸成芒狀，芒向外彎，芒長約
1mm；雄蕊3枚；柱頭3叉；瘦果倒卵形，下位剛毛3枚，短於瘦果；
下位鱗片3枚，約與瘦果等長。本種植株較毛三稜高大，植株無毛，
可與其區別。

分布：南、北半球熱帶地區，台灣分布於全島低海拔潮濕的地方。

▲ 植株

▲ 花序

密穗磚子苗 *Mariscus compactus* (Retz.) Druce

特徵： 多年生挺水或濕生植物，地下
根莖短；稈叢生，高約50-
100cm，圓柱形。葉長線形，
長於或稍短於稈，寬約0.5-
0.9cm；葉鞘長。複聚繖花序
成球狀，葉狀苞片3-5枚，較
花序長；小穗長約0.5-1.1cm，
呈放射狀排列；雄蕊3枚；柱
頭3叉；瘦果倒披針形。

分布： 馬達加斯加、印度、尼泊
爾、至中國南部及馬來西
亞、台灣。台灣分布於南部
地區水田、濕地。

▲ 植株

▲ 花序

白刺子莞 *Rhynchospora alba* (L.) Vahl.

特徵：一年生濕生植物，地下根莖短，稈近叢生，高約10-60cm，三稜狀。
葉線形，短於稈，寬約0.5-1.5mm；基部的葉片短小或僅有葉鞘。聚
繖花序頂生，呈頭狀；小穗3-7個成簇，披針形至卵狀披針形，長約
0.5-0.6cm；鱗片帶白色；雄蕊2枚；柱頭2叉；瘦果倒卵形，長約2-
2.5mm；下位剛毛9-13枚，長於瘦果。

分布：歐洲、美洲及東亞韓國、日
本、琉球、中國、台灣等地
區，本種屬較溫帶的植物，
在美洲及台灣與其鄰近地區
呈不連續的分布。台灣僅產
於鴛鴦湖海拔約1600公尺的
湖沼濕地。

▲ 花序

▲ 植株

三儉草 *Rhynchospora corymbosa* (L.) Britton

特徵：多年生濕生植物，地下根莖短而粗，稈近叢生，高約60-120cm，三稜形。葉線形，基生或莖生，寬約1-2cm；葉鞘管狀，葉舌膜質。聚繖花序頂生，3-4叢，葉狀苞片3-5枚；小穗長披針形，長約0.8-1cm；雄蕊2-3枚；柱頭1或2；瘦果倒卵形，長約3mm，下位剛毛6枚。

分布：熱帶非洲、亞洲及澳洲。台灣分布於低海拔平地或山區池沼、濕地。

▲ 植株

▲ 花序

大井氏水莞 *Schoenoplectus juncoides* (Roxb.) Palla

特徵：一年生挺水或濕生植物，地下根莖短；稈叢生，高約15-70cm，圓柱形。無葉片，葉鞘3-4枚。花序假側生，由2-8個小穗聚集而成，苞片與稈同形；小穗卵形，長約0.8-1.7cm；雄蕊3枚；柱頭2或3叉；瘦果寬倒卵形，長約2mm，下位剛毛6枚。

▲ 植株

分布：印度、斯里蘭卡、馬來西亞、台灣、琉球、日本，夏威夷、斐濟等地區。台灣全島平地水田、沼澤濕地常見。

馬來刺子莞 *Rhynchospora malasica* C. B. Clarke

特徵：多年生濕生植物，地下根莖橫
走，稈高約50-100cm，三角形。
葉線形，基生或莖生，寬約0.5-
0.9cm；葉鞘具膜質葉舌。花序長
約20cm，由2-7個頭狀花序排列於
同一花序軸上；頭狀花序球狀，
直徑約1-1.5cm；小穗卵狀披針形
至披針形，長約0.6-0.7cm，灰褐
色；柱頭2叉；瘦果倒卵形，長約
2mm；下位剛毛6枚。

分布：馬來西亞、泰國、台灣、琉球、
日本。台灣僅南投日月潭及宜蘭雙連埤有紀錄。

▲ 植株

斷節莎 *Torulinium odoratum* (L.) S. Hooper

特徵：一年生挺水植物，地下根莖短縮；稈單一或數枝，高約30-100cm，三
稜形。葉基生，線形，短於稈，寬約0.7-1cm；葉鞘長。複聚繖花
序，葉狀苞片6-8枚，長
於花序；小穗線形，長約
1-2.5cm，小穗軸具關
節；雄蕊3枚；柱頭3叉；
瘦果倒卵狀橢圓形。

分布：泛熱帶分布，台灣全島
平地稻田、溝渠、池塘
邊等潮濕地區常見。

▲ 植株

水毛花 *Schoenoplectus mucronatus* (L.) Palla ssp. *robustus* (Miq.) T. Koyama

特徵：多年生挺水植物，地下根莖短，密集生長；稈高可達130cm，三角形。葉鞘2枚。花序假側生，由5-20個小穗聚集而成，苞片與稈同形；小穗長卵形，長約1-2cm；柱頭3叉；瘦果寬倒卵形，長約2mm，下位剛毛6枚，長於瘦果。

分布：中國、日本、台灣、馬來西亞、印泥、印度、斯里蘭卡等亞洲溫帶及熱帶地區。台灣分布於低中海拔湖沼、池塘、濕地等地區，最高可達海拔2000公尺左右。

▲ 花序

▲ 植株

蒲 *Schoenoplectus triqueter* (L.) Palla

特徵：多年生挺水或濕生植物，地下根莖橫走；稈單一，高可達1公尺，三
角形。葉短小或退化成葉鞘，生於稈的基部，一枚。花序假側生，
由3-15個小穗組成，苞片與稈同形；小穗卵形，長約0.7-1.2cm；柱
頭2叉；瘦果倒卵形，長約2-2.5mm，下位剛毛3-5枚，約與瘦果等
長。本種又稱「大甲
藺」，是製作草蓆和草帽
的重要材料。

分布：廣泛分布於亞洲、南
歐、地中海地區。台灣
分布於西部及東北部等
河口或沿海地區。

▲ 瘦果

▲ 植株

▲ 花序

莞 *Schoenoplectus validus* (Vahl) T. Koyama

特徵：多年生挺水或濕生植物，地下根莖橫走；稈單一，高約70-120cm，圓柱形。葉退化，僅有葉鞘3-5枚。聚繖花序假側生，由3-8個輻射枝組成；苞片短，與稈同形；小穗卵形，長約0.6-1.5cm；柱頭2叉；瘦果倒卵形，長約2-2.5mm；下位剛毛2-5枚，短於瘦果。

分布：南亞馬來西亞、台灣、太平洋群島、澳洲、美洲等溫帶及熱帶地區。台灣分布於平地沿海地區濕地、河口等地區。

▲ 植株　　　　　　　　　　　　　　　▲ 花序

穀精草科 Eriocaulaceae

連萼穀精草 *Eriocaulon buergerianum* Koern.

▲ 花序

特徵：生長在沼澤或淺水地區的一年生挺水植
物，葉帶狀，長6-21cm，寬0.2-0.7cm。
在台灣所產的穀精草植物中，連萼穀精
草的葉片在基部呈寬帶狀，向頂端慢慢
變尖，可以很明顯和其它種類區別。半
球形的花序頂生，直徑約0.5-0.6cm，生
長在一長的花軸上，花軸螺旋狀。雄花
在花序的中央；雌花位於花序的周邊，花萼合生成佛燄苞狀，所以
被稱為「連萼穀精草」。種子橢圓形，具橫向六角形網紋，表面具有
丁字形的附屬物。

分布：中國、韓國、日本至琉球。台灣主要生長在海拔1300m以下的稻田
和濕地。

▲ 植株（夢幻湖）

▲ 植株（草埤）

小穀精草 *Eriocaulon cinereum* R. Br.

特徵：一年生挺水或沉水植物，葉帶狀，長1.5-7.5cm，寬0.1-0.2cm。看到名字就可以知道，這種植物在穀精草中是較小的，同時也是本省穀精草植物中唯一可以沉水生長的種類，因此在水族箱中常常可以看到它。花序卵形，不同於其它的種類，直徑約0.3-0.4cm，生長在一長的花軸上，花軸螺旋狀。雄花佛燄苞狀；雌花萼片二或三枚，絲狀。種子為寬卵形，具橫向六角形網紋，上面沒有任何的附屬物。

分布：澳洲、韓國、日本、琉球、中國、菲律賓、馬來西亞、越南、印尼、印度、尼泊爾、斯里蘭卡、非洲。台灣過去全島低海拔稻田、濕地均有分布，現今以北部地區較為常見。

▲ 花序

▲ 植株

▲ 種子

大葉穀精草 *Eriocaulon sexangulare* L.

特徵： 長在沼澤或淺水地區的一年生挺水植物，葉帶狀，長16-40cm，寬
0.7-1cm。在穀精草中這是葉形最大的種類，所以稱為「大葉穀精
草」。圓筒狀的花序是很容易辨識的特徵，花序上的苞片頂端常具有
白色棒狀毛；花序直徑約0.5-0.7cm，生長在一長的花軸上，花軸螺
旋狀。雄花佛燄苞狀；雌花的萼片二枚呈舟狀，和其它的種類有很
大的不同。種子卵形，具橫向六角形網紋，上面也具有丁字形的附
屬物。

分布： 中國、日本、印度、斯里蘭卡、越南、馬來西亞、菲律賓。台灣分
布於低海拔地區的水田、濕地。

▲ 植株

▲ 花序

▲ 植株

菲律賓穀精草 *Eriocaulon truncatum* Buch.-Ham ex Mart.

特徵：一年生挺水植物，葉帶狀線形，長約2-10cm，寬約0.2-0.5cm。頭狀花序半球形，直徑約0.4至0.5公分長，生長在一長的花軸上，花軸螺旋狀。雄花在花序的中央，佛燄苞狀。雌花位於花序的周邊，花萼2枚，線形，花瓣3枚，邊緣及內側具有毛。種子橢圓形，淡黃色，表面具有不規則帶狀突起。

分布：菲律賓、泰國、斯里蘭卡、印度、日本、中國南部。本種是穀精草屬植物在台灣分布最廣的種類，各地潮濕的沼澤、稻田均有分布。

▲ 植株

▲ 花序

禾本科 Gramineae

稗 *Echinochloa crus-galli* (L.) Beauv.

特徵：一年生濕生植物，高約50-150cm，稈圓形，中空。葉線形，長15-40cm，寬1.2-1.4cm；葉鞘長約10-15cm，無葉舌。圓錐花序頂生，穗軸粗糙；小穗卵形，排列成指狀，基部具白毛；穎具微毛，脈上有粗剛毛，外穎長為小穗的1/2-1/3，內穎與小穗等長；下位外稃具一0.5-4cm的芒。

分布：熱帶亞洲及非洲。台灣全島低海拔稻田、溝渠等潮濕的地方很常見。

▲ 生育環境

▲ 植株

▲ 花序

▲ 葉舌部位

水禾 *Hygroryza aristata* (Retz.) Nees *ex* Wight & Arn.

特徵： 多年生浮葉或挺水植物，莖匍匐生長，節處生根。葉身長卵形至長卵狀橢圓形，長約2-5cm，寬約0.5-1.7cm；葉鞘膨大呈囊狀，無葉舌。圓錐花序頂生，約2-5cm長，小穗只有一朵花，外稃具長芒。

▲ 植株

分布： 印度、斯里蘭卡、印尼、馬來西亞、中國、台灣等熱帶亞洲地區。台灣僅發現於宜蘭蘇澳冷泉地區，現今全台的個體都是外來引入。

海雀稗 *Paspalum vaginatum* Sw.

特徵： 一或多年生挺水植物，亦能生長在陸地上，稈匍匐狀。葉身長披針形，長約3-15cm，寬約0.3-0.8cm；葉鞘長於節間；葉舌膜質，長約0.5-1mm。花序總狀，2或3枚；小穗單生，橢圓形，長約0.4cm，無外穎，內穎與下為外稃等長；穗軸約2mm長。

分布： 舊世界熱帶及亞熱帶地區，台灣分布於海岸地區潮水可到之沙地、岩石地或沙灘、池塘中。

▲ 植株

李氏禾 *Leersia hexandra* Sw.

特徵：多年生挺水植物，稈下半部常匍匐於地面，或於開擴水域植株匍匐
水面，稈挺水的部分近地面處常呈屈曲狀，節處膨大且有一圈白色
毛。葉身長約5-15cm，寬約0.5cm，葉緣粗糙，常會割傷皮膚；葉舌
短，膜質。圓錐花序頂生，小穗扁壓狀，只有一朵花，不具內外
穎，無芒。本種稈節處的一圈白毛，是明顯的辨識特徵。

分布：泛熱帶分布，台灣全島低海拔水田、溝渠、池塘、沼澤濕地等潮濕
的地方相當常見。

▲ 植株

▲ 果實

▲ 花序

▲ 節

稻 *Oryza sativa* L.

特徵： 一或多年生挺水或
濕生植物，高約
1m，稈圓柱形，
中空，有節。葉
身長約20-80cm，
寬約1-1.2cm；葉
舌長約1-2cm。圓
錐花序頂生，成

▲ 幼株

熟時下垂；小穗只有一朵花，長約0.7cm；穎極小，披針形；內稃與
外稃等長，具刺毛；無芒。

分布： 亞洲地區，目前世界各地廣泛栽種，數千年前就被人們栽植為重要
的食物，台灣全島低海拔地區均有栽植。

▲ 花序

▲ 花

▲ 果實

蘆葦 *Phragmites australis* (Cav.) Trin. *ex* Steud.

特徵：植株高大，直立，不分枝，高約1-2.5m；稈圓柱形，中空，有節；具有發達的根莖。葉互生，具明顯的葉鞘，長於節間；葉身長披針形，先端尖細，長約25-55cm，寬約2-4.5cm。葉舌長約0.5mm；上緣具撕裂狀絲狀毛，長約0.1-1.5cm。圓錐花序頂生，小穗軸具有長約0.6-1cm的絲狀毛。本種葉舌上緣明顯的絲狀毛，及小穗軸上的絲狀毛，都是極易與開卡蘆區分的特徵。

分布：廣泛分布於全球溫帶及熱帶地區。台灣常在沿海地區河口、河岸、水池、廢耕水田、沼澤等地區形成大面積的族群。一般常將蘆葦和開卡蘆混淆，其實只要從它們生育的環境就可以輕易的區分出這兩種植物。本省在濱海地區所看到的全都是蘆葦，而在內陸地區的河岸、濕地所看到的則是開卡蘆，二者生育的環境完全不同，也沒有混雜的情形發生。

▲ 植株

▲ 植株

▲ 花序

開卡蘆 *Phragmites vallatoria* (Pluk. *ex* L.) J. F. Veldkamp

特徵：植株高大，直立，高約2-4m；稈
圓柱形，中空，有節；具有發達
的根莖。葉互生，40-55cm長，
1-2cm寬；葉舌極短，約0.3mm
長，頂端呈撕裂狀。葉鞘長於節
間，近頂端的葉片葉鞘口兩側常
具白色長毛。圓錐花序頂生，小
穗軸上不具絲狀毛或很稀少。

分布：從西非至印度、馬來西亞、中
國、日本及澳洲等地區。台灣主
要見於低海拔內陸地區河床、溪
流、沼澤地。

▲ 植株

▲ 植株

▲ 植株

秆蓋 *Sphaerocaryum malaccense* (Trin.) Pilger

特徵： 多年生濕生或挺水植物，植株成群匍匐地面形成地毯狀。葉卵形，基部抱莖，先端漸尖，長約1-2.5cm，寬約1cm，近基部具緣毛；葉鞘短於節間，具纖毛；葉舌為一圈毛。圓錐花序開展，分枝多；小穗具一朵花，穎無毛，早落，外稃及內稃具微毛；小穗軸具腺體。

分布： 南亞印度至馬來西亞、台灣及中國南部。台灣分布於低海拔平地至山區水田、池沼、湖泊等濕地。

▲ 植株

鹽地鼠尾粟 *Sporobolus virginicus* (L.) Kunth

特徵： 多年生挺水或濕生植物，高約15-60cm。葉革質，線形，尾部呈針狀，長約6cm，寬約1-2mm；葉鞘光滑；葉舌長約0.2mm，頂端纖毛狀。圓錐花序呈緊縮狀，長約4-10cm，分枝直立且貼近花序軸；小穗具一朵花，披針形，小穗軸粗糙。

分布： 熱帶亞洲、非洲、美洲。台灣海岸地區河口、潮間帶、沙灘等地區常大面積生長。

▲ 植株

菰 *Zizania latifolia* (Griseb.) Turcz. *ex* Stapf

特徵： 多年生挺水植物，高可達2m，稈直立，粗狀。葉長帶狀，長約50-
100cm，寬約3-4cm，中肋明顯，具多條明顯平行脈；葉鞘肥厚；葉
舌三角狀，長約1.5-2cm。圓錐花序頂生，長約60cm，上部為雌花，
下部為雄花；小穗具一朵花，穎甚小，外稃具長芒。不易結果。莖
被黑穗菌寄生而膨大，
是為我們食用的「茭白
筍」。

分布： 東亞及南亞，中國在周
代以前就被人們栽植為
食物。台灣低海拔各地
常在水田、溝渠、池塘
等地方廣泛被栽種。

▲ 茭白筍

▲ 植株

▲ 花序

▲ 雄花序

水鱉科 Hydrocharitaceae

瘤果簀藻 *Blyxa aubertii* Rich.

▲ 種子

特徵：一年生沉水性植物；葉叢生，帶
狀，長約5-60cm或更長，寬約
0.4-1.2cm，質地薄而易碎，先端
銳尖。花梗長，開花時可將花朵
挺出水面，兩性；花瓣三枚，線
形，白色；雄蕊3枚，絲狀；子房下位。果實圓柱狀，種子橢圓形，長
約1.2-1.8mm，表面平滑或具有瘤狀突起。

分布：從印度、斯里蘭卡至馬來西亞、中國、台灣、琉球、日本、韓國等
亞洲地區，及澳洲、東非、馬達加斯加等地區，目前已歸化至北美
洲。台灣主要生長在低海拔水田、流動的小溝渠等淺水的地方。

▲ 植株

▲ 花

有尾簀藻 *Blyxa echinosperma* (C. B. Clarke) Hook. f.

特徵：本種外形與瘤果簀藻幾乎相同，不過本種的種子兩端具有長約0.5cm的尾狀突起，可與瘤果簀藻區別。

分布：熱帶及亞熱帶亞洲及澳洲。台灣的生育環境與瘤果簀藻大致相似。

▲ 種子

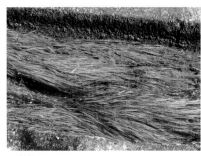
▲ 植株

▲ 植株

貝克喜鹽草 *Halophila beccari* Aschers.

特徵：多年生沉水植物，莖纖細，匍匐生長，節間約1-2cm，每節只有一條根。直立莖短，長約1cm。葉4-10枚簇生於直立莖頂端，葉片長橢圓形，長約0.6-1.1cm，寬約0.1-0.2cm，葉柄長約1-2cm。花單性，雌雄同株，雄佛燄苞具長柄，內有雄花一朵；雌佛燄苞無柄，具雌花一朵，花柱細長，絲狀，頂端二叉。果實卵形，長約0.5-1.5mm。

分布：印度、斯里蘭卡至馬來西亞、南中國海南島、廣西至台灣。台灣僅發現於西南沿海一帶鹽田及海灘。

▲ 植株

日本簀藻 *Blyxa japonica* (Miq.) Maxim. *ex* Aschers. & Gurke

特徵：一年生沉水植物，莖細且柔弱，具分枝，長約10-20cm。葉細長，線
形，長約5-15cm，先端漸尖。花兩性，挺出水面，長0.3-0.8cm，花
瓣三枚，線形，白色；雄蕊3枚，絲狀；子房下位。果實圓柱狀，長
約1-2cm；種子紡錘狀，平滑。本種具有明顯的匍匐莖，與其它兩種
簀藻短縮的莖有明顯的不同，且日本簀藻的植株常帶紅色。

分布：尼泊爾、印度、中國、台灣、日本、韓國等南亞及東亞地區。台灣
主要分布於北部桃園、台北、基隆、宜蘭等地區的水田、溝渠、池
塘等有水的地方。

▲ 植株

▲ 花

▲ 植株

343

水蘊草 *Egeria densa* Planch.

特徵：多年生沉水植物，莖圓形，細長，可達1-2m。葉3-6枚輪生，通常為4枚，線形，長約1-4cm，寬約0.2-0.5cm。花單性，腋生，挺出水面；雄花白色，花瓣三枚，卵圓形，長約0.7-1.2cm，雄蕊黃色。本省尚未發現雌株的個體。

分布：原產南美洲巴西，目前已歸化至全世界各地。台灣低海拔各地的溝渠中均可發現。

▲ 植株

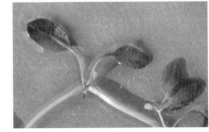

▲ 雄花

卵葉鹽藻 *Halophila ovalis* (R. Br.) Hook. f.

特徵：多年生沉水植物，莖纖細，匍匐生長，節間約1-5cm，每節只有一條根，節上具二枚鱗片。葉二枚，自鱗片腋部長出，具長柄；葉身橢圓形，長約2-4cm，寬約1-2cm；葉脈明顯，羽狀，具圍緣脈。花單性，雌雄異株，具佛燄苞，果實近球形，長約0.5-1cm，具0.2-0.5cm的喙。

分布：紅海、印度洋從非洲至馬來西亞、西太平洋，北至台灣和日本，南至澳洲地區。台灣主要分布於西南沿海地區鹽田、海灘等地方。

▲ 植株

水王孫 *Hydrilla verticillata* (L. f.) Royle

特徵：多年生沉水性植物，莖、葉柔軟。葉長條形，約1.5cm長，無柄，3-8
枚輪生，邊緣有鋸齒，葉腋具有二枚褐色小鱗片。花單性，雌雄同
株或異株。雄佛燄苞近球形，腋生，成熟時脫離植株，藉反捲的萼
片及花瓣使花朵漂浮在水面上。雌佛燄苞管狀，腋生，苞內雌花一
朵，沒有花梗；萼片、花瓣各三枚，匙形，開放時浮於水面。藉由
風力或水流，可使雄花漂到雌花附近，達到傳粉的目的。同科植物
「水蘊草」，外形與水王孫很相似，但水蘊草的花朵具有花梗將其挺
出水面、白色花瓣三枚、花朵較大型等特徵可以和水王孫區別。

分布：廣泛分布於全世界歐洲、亞洲、澳洲、非洲等地區；台灣主要生長
在全島水田、溝渠或池塘中。

▲ 雄花

▲ 植株

▲ 葉腋苞片

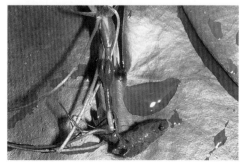

▲ 地下莖

水鱉 *Hydrocharis dubia* (Blume) Backer

特徵：葉漂浮於水面，具有走莖，可行營養繁殖；冬季於節間形成越冬芽，隔年氣溫回升時，可重新生長。葉圓腎形，長約3-5cm，寬約4-5cm；具長柄，下表面具有一蜂窩狀的通氣組織，葉脈五條，具有一枚約3公分長的托葉。花單性，雌雄同株，花瓣三枚，白色，直徑約1公分。果實圓球形，漿果狀，內有種子多數，種子橢圓形，表面有許多突起。

分布：南亞、東亞及澳洲東部，中國南、北各地均有分布。台灣是否有水鱉的分布一直都有爭議，目前都是人為栽種的植株。

▲ 葉下表面

▲ 種子

▲ 休眠芽

▲ 植株

▲ 雄花　　　　　▲ 雌花

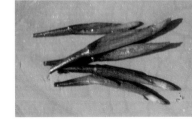
▲ 休眠芽

水車前草 *Ottelia alismoides* (L.) Pers.

特徵： 一年生沉水植物。葉基生，膜質，翠綠色或深綠色；葉身窄橢圓形至廣卵形、卵狀橢圓形，長約8-12cm，寬約5-8cm，大小隨環境變化很大，葉身最長可達40cm，寬可達20cm；具有長柄，最長可達50cm。花兩性，佛燄苞橢圓狀，長約2-4cm，具3-6條縱翅；花單一，花瓣三枚，白色、淡粉紅色，倒卵形，長約1.5cm；子房下位。果實圓柱狀，長約2-5cm；種子細小，多數，紡錘狀。

分布： 亞洲熱帶及溫帶地區、澳洲。台灣主要分部於北部及西部低海拔水田或池塘中。

▲ 花

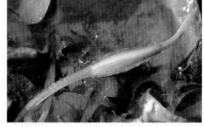
▲ 果實

▲ 植株

347

泰來藻 *Thalassia hemprichii* (Ehrenb.) Aschers.

特徵：多年生沉水植物，地下莖匍匐生長，具明顯的節與節間，節上長出直立短莖。葉帶狀，由短莖長出，長約6-12cm，寬約0.4-0.8cm，先端平圓，基部具膜質葉鞘。雌雄異株，具佛燄苞；雄花具長梗，雌花無梗。果實近球形，長約2-2.5cm。

分布：東非、紅海、印度、斯里蘭卡至馬來西亞、南中國、台灣、琉球等西太平洋地區。台灣主要分部於南部南灣及後壁湖一帶海域潮間帶，離島綠島、小琉球也有分布。

▲ 葉

▲ 地下莖及根部

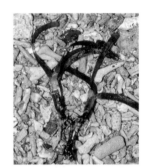
▲ 植株

▲ 植株

苦草 *Vallisneria spiralis* L.

特徵：多年生沉水性單子葉植物，莖短不明顯。葉柔軟，叢生，帶狀，寬度通常少於1cm，先端鈍，邊緣有細鋸齒。雄佛燄苞卵形，扁平，具有1-2cm的花梗，佛燄苞內含有多數的雄花；成熟時，佛燄苞頂端開裂，雄花脫離植株浮出水面。雌佛燄苞管狀，花梗甚長，螺旋狀，將花梗挺至水面。具有走莖可以迅速繁殖，常形成由單一個體營養繁殖而成的族群。

分布：歐洲及東南亞地區。台灣的族群應為外來歸化的結果，主要生長在流動的溝渠中。

▲ 雄花序

▲ 雄花

▲ 植株(雌株)

燈心草科 Juncaceae

燈心草 *Juncus effusus* L.

▲ 花序

特徵：多年生挺水或濕生植物，高約30-90cm或1m以上；地下根莖短，橫走；稈直立，圓形，成簇生長。葉呈鞘狀或鱗片狀，長約1-20cm，帶棕色。聚繖花序假側生，總苞片生於頂端，似稈的延伸；花被片6枚，線狀披針形；雄蕊3枚，短於花被片。蒴果倒卵形至橢圓形，三裂。

分布：全世界溫暖的地區廣泛分布，台灣從低海拔至中海拔湖泊、池沼、水邊、路邊潮濕的地方均有分布。

▲ 植株

▲ 植株

錢蒲 *Juncus prismatocarpus* R. Brown

特徵：多年生濕生植物，稈圓柱形或稍扁，高約10-60cm。葉線形，扁平，
長約10-20cm，寬約0.5cm，先端漸尖，基部鞘狀。花序由多數頭狀
花序排成聚繖狀；頭狀花序扁平，由3-7朵花組成；花被6枚，雄蕊3
枚，柱頭3叉。蒴果三稜狀，種子長卵形。

分布：東亞、東南亞、澳洲、紐西蘭。台灣從平地到中高海拔地區的稻
田、溪流、溝渠、路邊、湖邊等潮濕及淺水的地方均有分布。

▲ 植株

▲ 花序

大井氏燈心草 *Juncus ohwianus* Kao

特徵：多年生濕生植物，高約20-60cm，地
下根莖橫走；稈成簇生長，圓柱形，
具明顯橫隔。葉基生或莖生，圓柱
狀，具明顯橫隔；基部鞘狀，葉鞘上
端邊緣耳狀。花序由多數頭狀花序排
成聚繖狀；花被6枚，雄蕊3枚。蒴果
橢圓形，種子倒卵形。

分布：台灣分布於桃園、新竹地區沼澤濕
地。

▲ 植株

浮萍科 Lemnaceae

青萍 *Lemna aequinoctialis* Welwitsch

特徵： 一年生或多年生漂浮性植物，植物體葉狀，扁平，常2-4枚連在一起，葉狀體卵形至橢圓形，長約0.5-0.7cm，寬約0.3-0.5cm，長度約為寬的兩倍；葉脈3條；根1條，長可達3.5cm，根冠尖細。花單性，無花被，雄花具雄蕊一枚，花藥1或2室；雌花無柄，子房單一。

分布： 全世界亞熱帶地區，台灣全省低海拔各地水田、溝渠、池塘、河流、沼澤等水域均有分布。

▲ 植株

▲ 花

▼ 植株

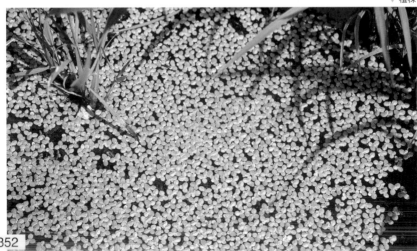

品萍 *Lemna trisulca* L.

特徵：多年生沉水植物，植物體葉狀，葉狀體具有長柄，互相連在一起成
鏈狀。葉狀體窄卵形，鋸齒緣，長約0.3-1.5cm，寬約0.2-0.4cm，柄
長約0.2-2cm；葉脈1或3，不明顯。根1條，長約1-2.5cm。

分布：全世界溫帶地區。台灣僅有北部和南部有紀錄，主要生長在冷涼的
水域，如宜蘭地區湧泉的環境。

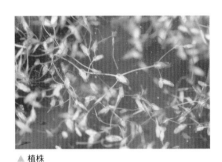
▲ 植株

▲ 植株

水萍 *Spirodela polyrhiza* (L.) Schleid.

特徵：多年生漂浮性植物，植物體葉狀，扁平，常2-5枚連在一起。葉狀體
寬卵形至圓形，長約0.5-1cm，寬約0.4-0.8cm，下表面常呈紫紅色；
葉脈7-16條。根7-20條，長約2-5cm。

分布：全世界廣泛分布，台灣生育環境與青萍相似，兩者常生長在一起。

▲ 植株(大的為水萍，小的為青萍)

▲ 植株

353

疏根紫萍 *Spirodela punctata* (G. F. W. Meyer) Thompson

特徵： 多年生漂浮性植物，植物體和青萍很相似，但本種葉常呈深綠色，下表面紫紅色，葉狀體呈明顯不對稱，葉脈3-7，且根的數量2-5條，這些特徵和青萍有很大的不同。又稱「紫萍」，和水萍最大的不同，在於葉狀體的形狀和根的數量。

分布： 最早分布於南半球及東亞地區，目前全世界溫暖的地區均有分布。台灣生育環境亦與青萍相似。

▲ 植株

無根萍 *Wolffia arrhiza* (L.) Wimmer

特徵： 多年生漂浮性植物，植物體葉狀，無根。葉狀體呈半球狀，橢圓形，長約0.5-1.5mm，寬約0.4-1.2mm。花序生於葉狀體上表面凹入處，雄花及雌花各一，花藥一室，子房單一。

分布： 歐洲、非洲、亞洲地區。台灣全省低海拔水田、池塘、溝渠等地區很常見。

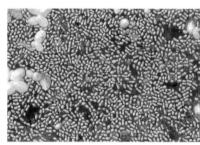

▲ 植株

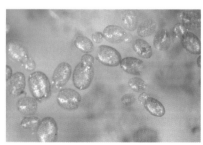

▲ 植株

水罌粟科 Limnocharitaceae

水金英 *Hydrocleys nymphoides* (Willd.) Buchenau

特徵： 多年生浮葉植物，葉基生，具有匍匐莖，可行營養繁殖。葉卵圓形，長約3-7cm，革質，主脈明顯，下表面可以清楚看到五條基出脈，延伸至頂端；下表面主脈最明顯，可以看到網格狀的通氣組織；葉具長柄，葉柄上可以看到一圈一圈的橫紋，看起來有如葉柄上有節。花單生，黃色，直徑約3-5cm；雄蕊多數，深褐色；雌蕊心皮6枚。花大而顯眼，極具觀賞性。

分布： 原產於美洲，現今已在各地栽培為觀賞花卉。

▲ 植株

▲ 花

▲ 葉下表面

▲ 葉柄

茨藻科 Najadaceae

拂尾藻 *Najas graminea* Del.

特徵： 一年生植物，植物體柔軟，
纖弱，枝條容易斷。葉片線
形，長約1-3cm，寬約
0.1cm，邊緣微齒狀，葉基擴
大成鞘，包住莖部，葉耳長

▲ 植株

三角形。花單性，腋生，雄花橢圓形，無佛燄苞，雌花無佛燄苞和花
被。果實長橢圓形，種子上具有六角形的網紋。本屬植物個體都很
小，且很相似，除葉片形態外，葉耳的形態常是鑑別的一個依據。

分布： 分布於溫帶和熱帶的歐洲、非洲、亞洲和澳洲，目前已歸化於北美
洲地區。台灣主要生長於全島的水田、池塘和溝渠中。

小茨藻 *Najas minor* Allioni

特徵： 一年生沉水植物，莖纖細，
光滑。葉線形，扁平，頂端
微彎，長約0.7-2.2cm，寬約
0.6-1mm，先端漸尖，鋸齒
緣；葉鞘長約1-2mm；葉耳

▲ 植株

圓截形至圓形，齒緣。花單性，單生於葉腋，雄花生於一瓶狀佛燄
苞中；雌花無佛燄苞和花被，花柱二叉。種子長橢圓形，頂端微彎
曲，網紋寬度大於長度。

分布： 歐、非、亞、北美洲等溫暖地區。台灣低海拔水田、溝渠、水池。

田蔥科 Phylidraceae

田蔥 *Philydrum lanuginosum* Banks & Sol. *ex* Gaertn.

特徵：生長在潮濕地區的多年生植物，葉劍形，基部呈鞘狀，排成二列，
植株看起來呈扁平狀。開花時高度可達150cm以上，花序穗狀，具有
白色棉毛；花兩性，黃色，左右對稱，生於葉腋的苞片內；花被片
四枚呈兩列，外面二枚較內側二枚大；大的花瓣卵圓形，先端尖，
長約1.6cm，寬約1.3cm；小的花瓣長約0.8-0.9cm，寬約0.2-0.3cm。
雄蕊一枚，0.8cm長，花藥捲曲狀。子房密佈白色棉毛，花柱光滑，
柱頭單一。蒴果橢圓形，種子黑色。

分布：東南亞及澳洲；本省
分布於新竹以北的地
區，主要生長在潮濕
的沼澤地。

▲ 花

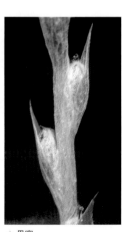

▲ 果實

▲ 植株

雨久花科 Pontederiaceae

布袋蓮 *Eichhornia crassipes* (Mart.) Solms

特徵：多年生漂浮性植物，植物體蓮座狀，莖短縮，高可達90cm，具有走莖。葉寬卵形，長約5-12cm，革質。葉柄變化大，在生長稀疏的情況，葉柄膨大呈囊狀或球狀；在生長密度高時，葉柄呈長管狀，長度可達80cm。穗狀花序腋生，數量約5-30朵；花淡紫色，基部合生，頂端裂成六枚裂片，直徑約5.5cm；上端一枚裂片中央有一菱形黃色斑紋；雄蕊6枚，三長三短。果實長約1-1.5cm；種子橢圓形，長約1.7mm，具有縱紋。

分布：原產南美洲巴西，目前已歸化至全世界熱帶、亞熱帶及溫帶地區。台灣分布於全省平地溪流、溝渠、池塘等地區。

▲ 植株

▲ 花序

▲ 花梗下彎

▲ 果實及種子

鴨舌草 *Monochoria vaginalis* **(Burm. f.) Presl**

特徵：生長於水田或潮濕地區的挺水植物。植株高約20-50cm，直立或匍匐
狀。葉卵狀披針形，先端尖，基部心形，長約6-8cm，寬約3-5cm。
總狀花序，從葉柄處長出，花梗約0.5-1cm長；花冠藍紫色，長約
0.8-1.5cm，花被片6枚；花軸於開完花後向下彎，果實約1cm長，外
部有宿存花萼，看起來像是果實上隆起的紋路。果實橢圓形，長約
0.7-1cm；種子卵形。台灣目前有兩個類型，一為直立型，直立生
長，花序上花的數量較多，花朵完全展開；另一為匍匐型，匍匐生
長，花序上的花數較少，花朵呈半開狀。此兩種類型是否為不同
種，需再進一步研究。

分布：印度、斯里蘭卡、馬來西亞、
印尼、菲律賓、中國、台灣、
日本、新幾內亞及澳洲，目前
已歸化至夏威夷、北美洲及歐
洲等地區。台灣全省平地稻
田、沼澤濕地均可發現。

▲ 植株（直立型）

▲ 花序（直立型）

▲ 果實（直立型）

▲ 花序（匍匐型）

馬藻 *Potamogeton crispus* L.

特徵： 多年生沉水植物，莖細長多分枝。葉互生，線形，長約4-6cm，寬約
0.5-1cm，鋸齒緣或波狀，先端圓或鈍，無柄。穗狀花序腋生，長約
2cm，挺出水面，2-10朵；花被4枚，綠色；雄蕊4枚。果實球形，長
約0.5-0.6cm。具有休眠芽，長約1-3cm，由二列革質葉排列而成。

分布： 全世界廣泛分布，台灣全省低海拔河流、溝渠、池塘等地區很常
見。

▲ 花序

▲ 休眠芽

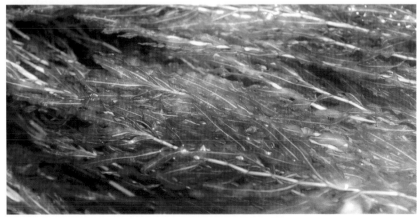
▲ 植株

異匙葉藻 *Potamogeton distinctus* Bennett

特徵：多年生浮葉植物，地下根莖發達。葉互生，卵狀橢圓形至長橢圓
形，長約5-10cm，寬約1-3cm，先端尖；具有長柄；托葉膜質。穗狀
花序頂生，挺出水面長約2-6cm，花被4枚，雄蕊4枚。果實廣卵形，
長約3.5mm，背部具有3條明顯的背脊。

分布：東亞韓國、日本、琉球、中國、台灣等地區。台灣主要分布於全省
低海拔水田、溝渠等水淺、不流動的水域。

▲ 果實

▲ 花序

▲ 植株

馬來眼子菜 *Potamogeton malaianus* Miq.

特徵：多年生沉水或浮葉植物，地下根莖發達，莖細長，可達2m以上。葉互生，長橢圓形，長約6-12cm，寬約1.5-2.5cm，先端凸尖；沉水葉膜質，浮水葉紙質；托葉膜質，鞘狀，長約2.5-3.5cm。穗狀花序頂生或腋生，挺出水面，長約2-5cm；花被4枚，雄蕊4枚。果實球形，具3條明顯的背脊。

分布：亞洲溫帶至熱帶地區，台灣全省低海拔流動溝渠中常見。

▲ 沉水植株

▲ 浮葉植株

▲ 沉水植株

龍鬚草 *Potamogeton pectinatus* L.

特徵：多年生沉水植物，莖細長，可達100cm以上。葉絲狀，長約5-15cm，寬約0.1-0.3cm；具葉鞘，長約2-5cm，抱莖。穗狀花序頂生，3-5輪。果實卵形，長約0.3-0.5cm。本種無浮水葉，沉水葉的葉鞘抱莖，花序明顯數輪間隔，可與眼子菜明顯區別。

分布：全世界廣泛分布，台灣北部及西部低海拔溝渠及溪流等流動水域可以發現。

▲ 花序

▲ 果實

▲ 沉水植株

柳絲藻 *Potamogeton pusillus* L.

特徵： 多年生沉水植物，莖戲長，約30-60cm。葉絲狀，長約4-6cm；托葉管狀，抱莖，長約1-2cm。穗狀花序頂生，2-3輪，間斷排列。本種與龍鬚草很相似，不過龍鬚草的托葉形成葉鞘，與葉身相連；柳絲藻的托葉與葉身分開，兩者不相連。

分布： 全世界廣泛分布，台灣零星分布於全省低海拔溝渠及溪流等流動水域。

▲ 植株　　　　　　　　　　　　▲ 葉及葉鞘

眼子菜 *Potamogeton octandrus* Poir.

特徵： 多年生沉水及浮葉植物，地下根莖發達，莖細長。葉兩型，沉水性絲狀，長約3-6cm，寬約0.1cm；浮水葉橢圓形，先端尖，長約1.5-3.5cm，寬約0.5-1cm；具長柄。穗狀花序腋生，長約1-1.5cm，花被4枚。果實卵形，長約2-3mm，背部具3條背脊。

分布： 熱帶非洲、亞洲、澳洲等地區。台灣主要分布於全省低海拔溝渠、溪流等環境，最高的分布為鴛鴦湖海拔約1600m的湖泊環境。

▲ 植株

流蘇菜科 Ruppiaceae

流蘇菜 *Ruppia maritima* L.

特徵： 多年生或一年生沉水植物，莖細長，多分枝。葉互生或近對生，絲狀，長可達10cm，基部成鞘狀。開花期花序穗狀，頂生；果實成熟時，呈繖形花序狀。花兩性，無花被；雄蕊2

▲ 植株

枚，對生，位於雌蕊兩側；雌蕊離生心皮3-4枚。果實成熟時果梗延長，4-12枚，卵形，長約0.2-0.3cm，頂端有如一短嘴狀。

分布： 全世界廣泛分布；台灣分布於西部新竹以南，沿海地區池塘、溝渠、鹽田、魚塭、出海口等鹹水或半鹹水環境。

▲ 雄花序

▲ 果實

黑三稜科 Sparganiaceae

東亞黑三稜 *Sparganium fallax* Graebner

特徵：多年生挺水植物，植株具地下走莖，葉基生，長60-80cm，寬約
1.2cm，先端鈍，橫切面三角形。花序軸由中間抽出，彎曲，花單
性，花序頭狀，成球形，雄花球位於花序軸上部，雌花球位於花序軸
下部，最下端之雌花球常具0.5-
2.5cm之花軸。花軸上具有葉狀苞
葉。雄花具雄蕊三枚；雌花柱頭
喙狀，子房一室；果實堅果狀。

分布：中國、日本、印度北部、緬甸。
台灣生長於東北部山區的埤塘、
湖泊中，例如：鴛鴦湖、神秘
湖、崙埤池、中嶺池等地區。

▲ 植株

▲ 花序

▲ 雄花序

▲ 果實

香蒲科 Typhaceae

長苞香蒲 *Typha angustata* Bory & Chaubard

特徵： 多年生挺水植物，具有發達的根莖。葉二列，互生，長條形，全緣，上表面下凹，下表面凸起，橫切面呈新月形或半月形，具有長的葉鞘包住莖部。花單性，雌雄同株，穗狀花序，雌、雄花序分開，中間有一段裸露的花軸，雄花序位於頂端，雌花序位於下端，均無花被，子房柄基部具有白色絲狀毛，不孕雌花子房先端凹入。果實成熟時，絲狀毛可藉由風力的作用，將種子散播到各地去。

分布： 東亞及南亞。台灣全島低海拔河口、池塘、溝渠等潮濕的沼澤地都是它生長的環境。

▲ 植株

▲ 植株

367

香蒲 *Typha orientalis* Presl

特徵：多年生濕生或挺水植物，具有發達的根莖。葉二列，互生，長條形，全緣，上表面下凹，下表面凸起，橫切面呈新月形或半月形，具有長的葉鞘包住莖部。花單性，雌雄同株，穗狀花序，雄花序位於頂端，雌序花位於下端，均無花被，子房柄基部具有白色絲狀毛；果實成熟時，絲狀毛可藉由風力的作用，將種子散播到各地去。本種與長苞香蒲很相似，雌雄花序中間無裸露的花軸，可以明顯區別。

分布：東亞、東南亞至澳洲。台灣全島低海拔河床、廢耕水田、溝渠、沼澤等潮濕的地方都是它生長的環境。

▲ 植株

▲ 花序

▲ 雄花序

▲ 花序

蔥草科 Xyridaceae

蔥草 *Xyris pauciflora* Hayata

特徵：一或多年生濕生植物，直立。葉基生，線形，扁平，長約10-33cm，寬約0.2-0.5cm，先端漸尖，邊緣乳突；基部狀，無葉舌。花軸長約10-40cm，花序頭狀，卵形；苞片覆瓦狀排列，寬卵形至橢圓形；花萼3枚，側萼片舟狀，頂端銳尖，上部邊緣略具波狀或鋸齒狀；花瓣3枚，黃色，倒卵形；雄蕊3枚；雌蕊花柱頂端三叉。種子橢圓形，約0.3-0.4mm，具縱紋。

分布：南亞和東南亞、澳洲。台灣分布於北部台北、桃園、新竹地區潮濕的地方。

▲ 植株

▲ 花序

角果藻科 Zannichelliaceae

單脈二藥藻 *Halodule uninervis* (Forsk.) Aschers.

特徵：多年生沉水植物，地下根莖匍匐生長。葉生長於節間的短枝上，1-4
枚，線形，長約5-20cm，寬約0.1-0.3cm，先端3齒；中脈明顯；具葉
鞘，長約1-3cm。雌雄異株，花單一；雄花具長柄，花藥縱裂；雌花
幾無柄，心皮2枚。

分布：日本、琉球、台灣、馬來西亞、印尼、菲律賓、澳洲及西太平洋地
區。台灣本島僅分布於
屏東南灣、後壁湖一帶
的海域珊瑚礁潮間帶，
外島的澎湖、小琉球也
有分布。

▲ 地下莖及根部

▲ 植株

▲ 葉

薑科 Zingiberaceae

野薑花 *Hedychium coronarium* Koenig

特徵：多年生濕生植物，植株高約1-3m，地下莖橫走，成叢生狀。葉長橢圓形至長橢圓狀披針形，長約30-40cm，寬約5-10cm。穗狀花序頂生，花序呈橢圓狀，具有苞片，每一苞片內有2-3朵花；花白色，具芳香味，基部合生成細筒狀，花筒長約6-8cm，先端三裂，上端裂片較大，先端微凹，側面兩枚裂片較小。果實三室，種子紅色。

分布：印度、馬來西亞、越南、中國、台灣。台灣全島低海拔平地及山區水邊相當常見。

▲ 花序

▲ 植株

▲ 果實

甘藻科 Zosteraceae

甘藻 *Zostera japonica* Aschers. & Graebner

特徵：多年生沉水植物，地下莖橫走，埋於沙中，直徑約0.1cm，黃褐色；節處長出直立莖，直立莖約1-1.5cm長。葉基部呈翹狀，長約4.5cm，包住另一枚葉片；葉長約14-22cm，寬約1.5mm，2-3枚一束長於直立莖上；葉先端圓頭。雌雄同株，穗狀花序生於葉鞘內，成二列。本種與單脈二藥藻很相似，葉先端常斷裂成破碎狀，易與其混淆。本種葉先端圓頭與單脈二藥藻成3叉有明顯不同；又生於葉鞘內的花序穗狀，與單脈二藥藻花單獨生長有很大不同。

分布：日本、琉球、台灣、廣東、越南等東亞地區。台灣分布於西海岸新竹香山、台中高美等地區沙灘。

▲ 雌花序

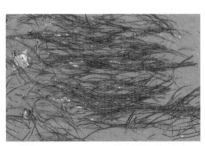

▲ 植株

▲ 植株

台灣地區已出版
有關水生植物的書籍

● 陳世輝 (1990) 東部水生植物(Ⅰ)蕨類、雙子葉植物，花蓮師範學院。

● 黃淑芳、楊國禎 (1991) 夢幻湖傳奇：台灣水韭的一生，內政部營建署陽明山國家公園管理處。

● 陳世輝 (1992) 蘭陽水生植物圖譜，花蓮師範學院。

● 李松柏 (1999) 台中縣的濕地與水生植物，台中縣自然生態保育協會。

● 黃朝慶、李松柏 (1999) 台灣珍稀水生植物，清水鎮牛罵頭文化協進會。

● 林春吉 (2000) 台灣水生植物 ❶ 自然觀察圖鑑，田野影像出版社。

● 林春吉 (2000) 台灣水生植物 ❷ 濕地生態導覽，田野影像出版社。

● 楊遠波、顏聖紘、林仲剛 (2001) 臺灣水生植物圖誌，行政院農業委員會。

● 林春吉 (2002) 台灣水生植物 ❶ 蕨類、雙子葉植物，田野影像出版社。

● 林春吉 (2002) 台灣水生植物 ❷ 單子葉植物，田野影像出版社。

● 李松柏、曾美雲 (2004) 和水生植物做朋友，人人出版股份有限公司。

● 林仲剛 (2004) 水生植物，國立臺灣科學教育館。

● 林春吉 (2005) 台灣的水生與濕地植物，綠世界出版社。

後記：
留一畦綠水給未來

歷經一年的撰寫，《台灣水生植物地圖》終將脫稿；然而革命尚未成功，同志仍在努力的我，還須為全書的尾聲—「後記」構思。搜索枯腸之際，偶爾瞥見的是一雙稚齡兒女沉睡的香甜；傾耳諦聽，讀取的只是一片寂靜。在這樣一個連日多雨、稍顯燠熱的春夜裡，該有一片蛙鳴蟲吟作背景。此時，遠方傳來的兩聲狗吠與疾馳而過的機車聲音，劃破夜空的寧謐。不耐孤單的我，於是旋開收音機。電台播放的是「捉泥鰍」與蘇芮「一樣的月光」，乘著歌聲的翅膀，我的思緒也隨之回到那個綠色的童年。

情牽半生

我出生鄉村，在田野長大。記得幼年時，清澈水流中，總有柔韌青綠的水草順水搖擺；而滿布於溝渠池塘的浮萍底下，則藏有可愛的小魚和水棲動物。從小開始，我日日見習父祖辛勤守護田園、滴汗換粒米的故事，但因年紀尚小，幫不上忙，只能撈取浮萍餵鴨，摸田螺、釣青蛙、抓泥鰍加菜，凡此種種也成為我們這一代鄉下小孩再熟悉不過的回憶。多少年來，這幅以綠水構圖的童年，時時浮現；且在我的生命歷程中，也因這片綠水的加入，充實豐厚。

現在的我，是水生植物的愛好者、教育者與研究者。和水生植物結緣，除卻童年的那段綠色記憶外，還與75年在霧峰教書的生涯息息相關。

那時，學區四周滿是稻田，又傍近烏溪，水質清澈，水草充盈，魚蝦蜆蟹，悠然來去。放學之時，我常騎著野狼摩托車穿梭田間小道，偶然發現這個可愛的天地，也開啟了對水生植物探索的興趣。於是我從此地逐步向外推進，慢慢擴及到全縣、全省；並從水生物種的普查到單一種類的深入研究。

我曾為布袋蓮走遍台灣溝渠，而後欣然發現台灣布袋蓮存有二種花形。為求釋疑，並使研究成果更具說服力，還曾遠赴台北向學者請益，正式發表我的第一篇水生植物學術論文。同時也因在師友的提醒與鼓勵下，我開始向學院邁進，投考台灣大學植物研究所，期盼能以更專業的能力研究水生植物。學成後，仍服務於教育界，除致力於環境生態教育與水生植物研究外，這幾年，也嘗試從生活、人文與歷史角度，重新為人類與水生植物的關係作定位。屈指一數，我與水生植物結緣，已屆二十年，目前仍在持續……

近來小兒與小女正在學唱兒歌，「魚兒魚兒水中游……倦了臥水草」，他們問：魚兒睡在哪一種水草上呢？當校園民歌重出江湖，幼稚園的長子聽了，老愛纏著我問：「泥鰍是什麼？」「住在哪裡？」「青蛙真的可以釣嗎？」我說：這是真的，但是必須先有一片綠水，這些才會出現……

人面桃花

留住一畦綠水，留住一個生態系，也留住一塊人類心靈的居地！昔日水生植物廣布田間、溝渠與水塘之中，卻極少引起注意，因為人們對它的認識不足，「雜草」便成為它們的通稱與共名。概觀台灣水生植物的棲地，除卻田野水畔，屬於私人土地者也不少。因應工業文明的變遷，土地開發的需求也不斷增長。對於多數地主而言，土地的開發即等於一筆可觀

財富的進帳，對於那些無名無用的「雜草」，自然不會手下留情。於是在急速的時空流轉中，水生植物正一步一步走向消失滅絕的險境之中。

　　93年夏天方與木柵貓空河谷的稻田、濕地重逢，歎異著水生植物品類的繁富；今年再會，唯見綠竹叢立與茶樹縱橫。不知名的台中清水小渠，土質的溝槽，曾孕育著大片紅豔欲滴的大安水蓑衣；去年冬日，卻徒留堅固水泥溝壁護衛著潺潺流水。曾在梧棲老家附近拍攝鴨舌草，拍照全程，稻田中不時有福壽螺「沙、沙」啃食聲相陪，一年之後，鴨舌草壽終正寢。

　　至於當年為我開啟水生植物研究之門的霧峰稻田，現今除有高速公路穿腸而過，清水稻田更早已被聳立的建築物所取代。綠水難再？「去年今日此門中，人面桃花相映紅。人面不知何處去？……」

拋磚引玉

　　台灣水生植物的研究始於1960年代末期，1980年代有不少有心人士積極投入相關領域之研究。時至1990年代，有關水生植物的書籍相繼出版，對於水生植物也有更完整的紀錄。孔子曾說「知之者，不如好之者；好之者，不如樂之者」，期待本書除能提供讀者對水生植物「知之」的需求外，還能因為了解它們的生命型態，增加對水生植物的喜好與熱愛。不過，儘管認識及關心水生植物的人口持續在成長，然而水生植物的生育環境卻不斷消逝，水生植物的種類數量也日益縮減，怎不教人焦急惋惜？

　　藉由書本認識水生植物固然是一件好事，然而我更盼望大家在按《圖》索驥，走入自然水域親炙它們之餘，也能主動加入保育行列，一同盡己之力去作為。讓愛好自然的你我，能有陪伴它們出生、成長、繁殖、自然代

謝的機會，得與這位知心的水生好友共歷一場人生風雨。透過物我對話，同享自然之樂，也為生命憑添一抹色彩。

甜蜜心事

走筆至此，眼簾欲闔，正打算伏案小睡片刻，迎接目光而來的是桌墊下平壓的長子幼稚園「畢旅」通知書，此際才驚覺在撰述的漫漫時光中，一雙兒女又已長大不少。在他們成長的路上，我和內子多麼想送他們一份永恆的禮物，可以陪伴他們一生、讓心靈之泉永不枯竭。睡眼惺忪中，浮現著白日裡峻禎、孟真將小臉貼在窗邊迷你魚缸，專注觀賞蓋斑鬥魚悠游穿梭綠色水草的景象。孩子，我想你們是愛綠水、愛綠色水生植物的。關於禮物，媽媽揚言要留一屋的詩書給你們，而老爸野心不大，我想，我只想送你們一畦綠水。

衷心祈願在《台灣水生植物地圖》出版後，能觸動更多有心人，在未來的歲月中，同聲發願守護這片土地，多留一畦綠水給摯愛的兒女子孫，讓他們也有機會編織一個綠色的童年。

滿天繁星熠耀，明天應該是個好天氣。就讓老爸牽著你們的手，走向綠水之畔，親自去領受這份綠色的心靈禮物吧！「池塘的水滿了，雨也停了。田邊的濕泥裡，到處是泥鰍」……

2005.4.17子夜

【中文索引】

【學名索引】

國家圖書館出版品預行編目資料

台灣水生植物地圖／ 李松柏撰文／攝影.－－初
版.－－臺中市：晨星，2005〔民94〕
面； 公分.－－(台灣地圖；26)
參考書目：面 含索引

ISBN 957-455-866-5(精裝)

1.水生植物－圖錄

373.54024 94009424

台灣地圖 26

台灣水生植物地圖

作 者	李 松 柏
校 對	李 松 柏・曾 一 鋒・楊 嘉 殷
文字編輯	楊 嘉 殷
内頁設計	許 志 忠
封面設計	方 小 巾

發行人	陳 銘 民
發行所	晨星出版有限公司
	台中市407工業區30路1號
	TEL:(04)23595820　FAX:(04)23597123
	E-mail:service@morningstar.com.tw
	http://www.morningstar.com.tw
	行政院新聞局局版台業字第2500號
法律顧問	甘 龍 強 律師
印製	知文企業（股）公司　TEL:(04)23581803
初版	西元2005年07月30日

總經銷	知己圖書股份有限公司
	郵政劃撥：15060393
	〈台北公司〉台北市106羅斯福路二段95號4F之3
	TEL:(02)23672044　FAX:(02)23635741
	〈台中公司〉台中市407工業區30路1號
	TEL:(04)23595819　FAX:(04)23597123

定價 480 元
（缺頁或破損的書，請寄回更換）
ISBN-957-455-866-5
Published by Morning Star Publishing Inc.
Printed in Taiwan

更方便的購書方式：

(1) **信用卡訂閱**　填妥「信用卡訂購單」，傳真至本公司。

　　　　或　填妥「信用卡訂購單」，郵寄至本公司。

(2) **郵政劃撥**　帳戶：知己圖書股份有限公司　帳號：15060393

　　　　在通信欄中填明叢書編號、書名、數量、定價及

　　　　總金額即可。

◉如需更詳細的書目，可來電或來函索取。

◉購買單本以上9折優待，5本以上85折優待，10本以上8折優待。

◉訂購3本以下如需掛號請另付掛號費30元。

◉服務專線：(04)23595819-232　FAX：(04)23597123

　E-mail:itmt@morningstar.com.tw

◆讀者回函卡◆

讀者資料：

姓名：＿＿＿＿＿＿＿＿＿　　性別：□ 男　□ 女

生日：　／　／　　　　　身分證字號：＿＿＿＿＿＿＿＿＿

地址：□□□＿＿＿＿＿＿＿＿＿＿＿＿＿＿＿＿＿＿＿

聯絡電話：　　　　　　（公司）　　　　　　　（家中）

E-mail ＿＿＿＿＿＿＿＿＿＿＿＿＿＿＿＿＿＿＿＿＿

職業：□ 學生　　　□ 教師　　　□ 內勤職員　□ 家庭主婦
　　　□ SOHO族　□ 企業主管　□ 服務業　　□ 製造業
　　　□ 醫藥護理　□ 軍警　　　□ 資訊業　　□ 銷售業務
　　　□ 其他＿＿＿＿＿＿＿＿＿

購買書名： 台灣水生植物地圖

您從哪裡得知本書： □ 書店　□ 報紙廣告　□ 雜誌廣告　□ 親友介紹
□ 海報　　□ 廣播　　□ 其他：＿＿＿＿＿＿＿＿＿

您對本書評價：（請填代號 1. 非常滿意　2. 滿意　3. 尚可　4. 再改進）

封面設計＿＿＿＿＿版面編排＿＿＿＿＿內容＿＿＿＿＿文／譯筆＿＿＿＿

您的閱讀嗜好：
□ 哲學　　　□ 心理學　　□ 宗教　　　□ 自然生態　□ 流行趨勢　□ 醫療保健
□ 財經企管　□ 史地　　　□ 傳記　　　□ 文學　　　□ 散文　　　□ 原住民
□ 小說　　　□ 親子叢書　□ 休閒旅遊　□ 其他＿＿＿＿＿＿＿＿＿

信用卡訂購單（要購書的讀者請填以下資料）

書　　　　名	數　量	金　額	書　　　　名	數　量	金　額

□VISA　　□JCB　　□萬事達卡　　□運通卡　　□聯合信用卡

•卡號：＿＿＿＿＿＿＿＿＿　•信用卡有效期限：＿＿＿年＿＿＿月

•信用卡背面簽名欄末三碼數字：＿＿＿＿＿＿＿＿＿

•訂購總金額：＿＿＿＿＿元　•身分證字號：＿＿＿＿＿＿＿＿＿

•持卡人簽名：＿＿＿＿＿＿＿＿＿（與信用卡簽名同）

•訂購日期：＿＿＿年＿＿＿月＿＿＿日

填妥本單請直接郵寄回本社或傳真(04)23597123